EXPLICATION

DE LA

CARTE GÉOLOGIQUE

DE LA FRANCE

PUBLIÉE

PAR ORDRE DE M. LE MINISTRE DES TRAVAUX PUBLICS

TOME QUATRIÈME

SECONDE PARTIE. — VÉGÉTAUX FOSSILES DU TERRAIN HOUILLER

PAR R. ZEILLER

INGÉNIEUR AU CORPS NATIONAL DES MINES

PARIS

IMPRIMERIE NATIONALE

M DCCC LXXIX

EXPLICATION

CARTE GÉOLOGIQUE

DE LA FRANCE

40. S
388

EXPLICATION

DE LA

CARTE GÉOLOGIQUE

DE LA FRANCE

PUBLIÉE

PAR ORDRE DE M. LE MINISTRE DES TRAVAUX PUBLICS

TOME QUATRIÈME

SECONDE PARTIE. — VÉGÉTAUX FOSSILES DU TERRAIN HOUILLER

PAR R. ZEILLER

INGÉNIEUR AU CORPS NATIONAL DES MINES

PARIS

IMPRIMERIE NATIONALE

—

M DCCC LXXIX

EXPLICATION

DE LA

CARTE GÉOLOGIQUE DE LA FRANCE.

VÉGÉTAUX FOSSILES DU TERRAIN HOUILLER.

CHAPITRE PREMIER.

INTRODUCTION.

Les fossiles végétaux qu'on rencontre dans les diverses couches de l'écorce terrestre peuvent servir, aussi bien que les fossiles animaux, à la détermination de l'âge de ces couches, la flore ayant subi, comme la faune, une série de modifications successives, grâce auxquelles la végétation de chaque époque a son caractère particulier, ses espèces propres, et ne peut être confondue avec celle qui l'a suivie ou qui l'a précédée. Toutefois les empreintes de plantes sont trop rares, dans la majeure partie des terrains, pour que le géologue puisse compter sur leur appui. Les formations marines ne renferment généralement et ne peuvent guère renfermer que des algues, fort mal conservées le plus souvent et, par suite, d'une détermination très-difficile; en outre, il arrive pour ce genre de plantes, à organisation très-simple, la même chose que pour les animaux les plus inférieurs : les formes en sont restées les mêmes, à peu de chose près du moins, pendant de très-longues périodes de temps, et l'on ne peut souvent distinguer l'une de l'autre des espèces appartenant cependant à des formations d'âges complétement différents. Leur connaissance ne saurait donc, dans beaucoup de cas, être d'un grand secours pour la détermination des terrains. Les formations d'eau douce ont plus fréquemment conservé les restes des végétaux terrestres, qui, par leurs changements de forme, peuvent caractériser les différentes époques, et la paléontologie végétale est alors appelée à rendre de grands services dans leur étude; il est même indispensable parfois d'avoir recours à elle, dans les cas, par exemple, où, les fossiles animaux faisant défaut, la paléontologie proprement dite ne peut plus fournir de renseignements.

C'est le cas d'un des terrains les plus importants par son étendue comme par les richesses minérales qu'il renferme dans son sein, le terrain houiller, dont les couches de grès, de schiste ou de charbon, déposées le plus souvent dans l'eau douce, ne renferment que de très-rares débris animaux. Sans doute, les fossiles qu'on y rencontre et ceux des couches sur lesquelles il repose ou qui le recouvrent suffisent bien à la détermination de son âge; mais ils ne permettent pas, malgré la grande épaisseur qu'il offre souvent, d'y distinguer des époques de formation différentes et de reconnaître les étages naturels qui peuvent y exister.

Ce n'est que par l'étude des plantes fossiles, dont les empreintes sont si abondantes dans ce terrain, qu'on a pu distinguer les unes des autres les couches déposées à des âges différents, et des travaux récents, parmi lesquels je dois mentionner en première ligne ceux de M. Grand'Eury[1], ont établi dans le terrain houiller des subdivisions précises, fondées sur les différences de la flore et en parfaite concordance avec les subdivisions résultant des études purement stratigraphiques.

Je reviendrai avec plus de détails sur ce sujet; cependant je dois indiquer dès maintenant qu'il a été reconnu dans le terrain houiller proprement dit deux étages bien distincts, mais dont la végétation présente néanmoins, dans l'ensemble, des caractères communs, que l'on retrouve dans les couches inférieures au terrain houiller véritable, comprises sous le nom général de *terrain anthracifère*. Ce terrain se rattache donc, par sa végétation, au terrain houiller, et je l'ai désigné, dans le cours de ce travail, par le nom de *terrain houiller inférieur*, déjà fréquemment employé dans ce sens, bien qu'il s'agisse en réalité d'un groupe antérieur au terrain houiller proprement dit; les deux étages reconnus dans celui-ci sont alors, naturellement, désignés par les noms de *terrain houiller moyen* et *terrain houiller supérieur*.

---

[1] Grand'Eury, *Flore carbonifère du département de la Loire et du Centre de la France* (Académie des sciences, *Mémoires des savants étrangers*, t. XXIV, 1877).

Ces deux derniers étages surtout sont excessivement riches en plantes fossiles, et l'on y trouve non-seulement des empreintes, mais des débris végétaux silicifiés, dont l'étude microscopique permet d'étudier, dans le plus grand détail, l'organisation anatomique d'un grand nombre de ces plantes et de préciser leurs rapports avec les divers groupes de végétaux vivants. Mais, pour le géologue, la connaissance des empreintes suffit, et, s'il était utile de décrire et de figurer ici les espèces les plus communes et les plus caracté-ristiques des couches houillères de la France, il n'a pas paru nécessaire de donner de détails sur leur structure intime. Ces détails, très-intéressants sans doute au point de vue botanique, auraient exigé trop de développe-ments et n'auraient plus répondu au but spécial de ce travail, qui est de faire connaître, en vue de l'étude géologique, les caractères de la flore de chacun des étages du terrain houiller.

On ne trouvera donc, le plus souvent, dans la description de chaque espèce, que les caractères qui peuvent s'observer sur les empreintes. La détermination des empreintes présente d'ailleurs, il est bon de l'indiquer ici, des difficultés particulières que l'on ne rencontre pas, du moins au même degré, dans l'étude des coquilles fossiles. En effet, les diverses parties d'une même plante ont le plus souvent été séparées les unes des autres et disséminées avant de se déposer sur les sables ou les limons qui devaient nous les conserver; on retrouve donc aujourd'hui des tiges dépourvues de leurs feuilles, de leurs racines, de leurs épis de floraison ou de fructifi-cation, et ces divers organes sont épars çà et là, sans que rien souvent puisse indiquer s'ils appartiennent ou non à une même plante. D'autre part, la classification des végétaux vivants, étant basée principalement sur les carac-tères des organes de reproduction, ne peut s'appliquer qu'avec de grandes difficultés à des empreintes sur lesquelles ces organes manquent le plus habituellement ou sont indiscernables. Aussi la paléontologie végétale n'est-elle entrée dans une voie scientifique et n'a-t-elle commencé à se développer que beaucoup plus tard que la paléontologie proprement dite.

Divers auteurs, au siècle dernier, avaient figuré des empreintes de plantes ou de graines fossiles, mais sans essayer de classification sérieuse. En 1818, dans un travail sur les végétaux houillers de l'Amérique du Nord, Steinhauer appliqua le premier à ces fossiles le système de la nomenclature binominale, adopté depuis longtemps pour les autres branches de l'histoire naturelle;

1.

mais il se borna, en signalant différents types de troncs, à les comprendre tous sous le nom uniforme de *Phytolithus*, sans chercher à les distinguer génériquement. Il restait toujours, et c'était le plus difficile, à établir des groupes naturels et à en déterminer les rapports avec les végétaux vivants. C'est ce que tentèrent de faire, en 1820, deux savants allemands, le baron de Schlotheim et le comte de Sternberg. Le premier, dans son ouvrage *Die Petrefactenkunde*, créa un certain nombre de genres basés sur l'analogie avec les plantes vivantes : *Palmacites, Filicites, Casuarinites,* etc. Le second, après de longues années de recherches, commençait la publication d'un ouvrage capital, dont les premiers fascicules furent publiés en même temps en allemand et en français, sous les titres de *Beiträge zur Flora der Vorwelt* et de *Essai sur la flore du monde primitif*[1].

A la fin de 1822, Ad. Brongniart faisait paraître, dans les *Mémoires du Muséum d'histoire naturelle,* son remarquable travail sur la classification des végétaux fossiles, qui a posé la base solide sur laquelle s'est développée depuis lors la paléontologie végétale. Quelques années plus tard, en 1828, il commençait la publication de son *Histoire des végétaux fossiles* et en fixait d'avance le plan dans un *Prodrome* détaillé. Pendant que paraissaient en France les livraisons successives de ce travail, et en Allemagne les fascicules du second volume du *Flora der Vorwelt* de Sternberg, Lindley et Hutton, en Angleterre, publiaient leur *Fossil Flora of Great Britain,* contenant la description d'un nombre considérable d'espèces, avec d'excellentes figures. Depuis cette époque, les ouvrages traitant des plantes fossiles se sont succédé en grand nombre, surtout à l'étranger; il est impossible, bien entendu, de signaler ici même les plus importants, mais on peut au moins citer les noms de MM. Gœppert, Geinitz, Gutbier, Weiss, Andræ, Goldenberg, d'Ettingshausen, Unger, Stur, Heer, L. Lesquereux, etc. En France, il faut mentionner, après les publications de Brongniart, le classique *Traité de paléontologie végétale* de M. Schimper (1869-1874) et les remarquables travaux de M. Grand'Eury sur les terrains houillers du Centre de la France, sans parler des belles études de M. B. Renault sur la structure anatomique des végétaux houillers d'Autun et de Saint-Étienne.

Grâce à tant d'efforts, la végétation des couches houillères, puisqu'il n'est

---

[1] C'est à cette édition française que se rapportent les renvois, indiqués plus loin, des citations d'espèces décrites par le comte de Sternberg.

ici question que de ce terrain, commence à être bien connue; mais, par suite du grand nombre des travaux publiés, il règne aujourd'hui dans la nomenclature une certaine confusion : tantôt des noms différents ont été donnés à une même espèce, tantôt le même nom à des espèces différentes, soit dans des ouvrages parus en même temps et sans que leurs auteurs aient pu avoir connaissance du travail l'un de l'autre, soit, plus fréquemment, par suite de l'imperfection des figures primitives et de l'impossibilité de recourir à l'examen des échantillons types eux-mêmes. Mais, outre ces inconvénients et ces erreurs, qu'il était difficile d'éviter, il est arrivé souvent qu'une espèce successivement placée par divers auteurs dans des genres différents, soit qu'elle fût d'affinité douteuse, soit par suite de la subdivision nécessaire du genre primitif, a reçu à chaque changement de genre un nom spécifique nouveau et se trouve désignée aujourd'hui, suivant l'auteur qui la cite, tantôt par un nom, tantôt par un autre.

La confusion regrettable qui résulte de ces changements successifs dans le nom d'un même objet s'est produite de même et à un bien plus haut degré dans d'autres branches, plus anciennes, de l'histoire naturelle, et l'on reconnaît aujourd'hui la nécessité d'y porter remède. La seule base équitable et rationnelle qu'on puisse adopter est celle qui avait été posée, dès 1813, par de Candolle dans sa *Théorie élémentaire de la botanique,* au chapitre de la *Phytographie,* c'est-à-dire le maintien, à travers les changements de genre, du nom spécifique le plus ancien ou, d'une façon plus générale, le principe absolu du droit de priorité. Pour que la nomenclature soit invariable et puisse être universellement acceptée, il faut qu'elle repose sur des principes fixes et dont l'application ne prête en rien à l'arbitraire; aussi doit-on s'en tenir sans exception, pour chaque espèce ou genre, ainsi que l'avait établi de Candolle, au nom le premier en date, même lorsque ce nom a été depuis reconnu impropre et en contradiction avec tel ou tel caractère de l'objet ou du groupe auquel il s'applique. Les noms, génériques ou spécifiques, ne sont en effet que des désignations et non pas des définitions, et, si l'on admettait qu'ils peuvent être changés pour cause d'impropriété, on ouvrirait la porte à l'arbitraire, chaque auteur pouvant apprécier différemment la convenance ou l'impropriété d'un nom.

Ce principe du droit de priorité a été pris pour base fondamentale, en 1842, par le comité de l'Association britannique pour l'avancement des sciences, chargé de fixer les *Règles de la nomenclature zoologique*, et il a été inscrit en première ligne dans le rapport fait au nom de ce comité par M. Strickland[1]. Il est adopté maintenant par le plus grand nombre des auteurs et trouve de plus en plus d'adhérents, à mesure que la science se complique davantage de noms nouveaux et de doubles emplois; je ne doute pas qu'il n'y ait bientôt unanimité pour l'accepter et mettre ainsi un terme à la confusion croissante de la nomenclature.

Il a parfois pour conséquence l'abandon du nom le plus généralement usité pour une espèce, le nom spécifique primitif étant presque tombé dans l'oubli à la suite de la substitution d'un nom nouveau dans quelque travail devenu classique. Mais cet inconvénient ne doit pas cependant faire hésiter dans l'application rigoureuse du principe, car il serait impossible de fixer d'une façon absolue les circonstances dans lesquelles il conviendrait d'y déroger; l'appréciation des cas où l'on devrait alors, ou l'appliquer, ou le laisser de côté, deviendrait une question d'interprétation personnelle, et, l'interprétation ne pouvant être uniforme, la confusion à laquelle on veut remédier persisterait indéfiniment.

J'ai cru devoir, quant à moi, l'adopter absolument, ainsi qu'on pourra le voir dans les pages qui suivront. J'ai eu soin, d'ailleurs, d'indiquer la synonymie le plus exactement possible, en citant, non pas tous les noms qui ont pu être donnés à une même espèce, ce qui eût exigé souvent des listes beaucoup trop longues, mais tout au moins les noms les plus connus et les plus usités.

Il ne pouvait, bien entendu, être question ici de décrire toutes les espèces de plantes houillères actuellement connues en France. J'ai dû me borner à celles qui m'ont paru se montrer le plus communément et qui, particulières à l'un ou à l'autre des étages que j'ai cités plus haut, peuvent le mieux servir de guide dans l'étude comparative des niveaux; je ne pouvais non plus figurer toutes les espèces que je décrivais; mais j'ai tenu à faire représenter les plus caractéristiques et à donner une idée de chaque genre important en en figurant au moins une espèce. J'ai eu sous les yeux, et souvent en très-beaux exemplaires, soit dans les collections de l'École des mines, soit dans celles de M. l'inspecteur général du Souich, toutes les espèces

---

[1] *Report of the twelfth meeting of the British Association, held at Manchester*, 1842, p. 106. — Reproduit dans le journal *l'Institut*.

dont je voulais parler, ce qui m'a permis plus d'une fois d'y reconnaître des particularités ou des caractères non encore signalés. J'ai pu, en outre, par l'examen des échantillons types de Brongniart, conservés dans les collections du Muséum d'histoire naturelle, qui m'ont été ouvertes de la façon la plus gracieuse, m'assurer de l'identité d'un certain nombre d'espèces un peu douteuses ou difficiles à reconnaître sur les figures qui en avaient été données.

BASES DE LA CLASSIFICATION BOTANIQUE.

Il convient, avant d'aborder la description des espèces, de rappeler brièvement les bases de la classification et les caractères principaux des grandes subdivisions du règne végétal.

On sait que les plantes se groupent tout d'abord en deux grands embranchements, les *Cryptogames* et les *Phanérogames*.

Dans les Cryptogames, les organes de génération sont assez diversement organisés; ils sont toujours excessivement petits et ne peuvent être observés qu'au microscope ; les organes de reproduction sont également très-petits et absolument différents, dans leur constitution comme dans leur mode de développement, des graines des végétaux supérieurs; ils portent le nom de *spores* ou *sporules* et sont généralement formés d'une seule cellule.

Cryptogames.

Les Phanérogames possèdent des organes de génération visibles le plus souvent à l'œil nu. Les organes mâles, appelés *étamines*, portent les éléments fécondants, constitués par de petits grains unicellulaires dits *grains de pollen*, renfermés en grand nombre dans des enveloppes désignées sous le nom de *sacs polliniques*. L'organe femelle, nommé *ovule*, renferme la cellule destinée à être fécondée, qu'on appelle *sac embryonnaire;* les ovules peuvent être nus ou abrités dans une enveloppe fermée, qu'on nomme *ovaire*. L'ovule, après la fécondation, se développe et se transforme en une graine renfermant l'embryon.

Phanérogames.

Les Cryptogames se subdivisent à leur tour en *Cryptogames cellulaires* et *Cryptogames vasculaires.*

Les Cryptogames cellulaires, dont le tissu est uniquement constitué par des cellules, comprennent les *Algues*, les *Champignons*, les *Lichens*, les *Characées* et les *Muscinées;* elles sont trop faiblement représentées dans les empreintes houillères pour qu'il y ait lieu d'en parler ici.

Cryptogames cellulaires.

Les Cryptogames vasculaires présentent dans leur tissu des éléments nettement différenciés, savoir : des *cellules* proprement dites, ayant à peu près les mêmes dimensions dans les divers sens; des *fibres*, c'est-à-dire des cellules fusiformes, très-allongées par rapport à leur diamètre, et à paroi généralement épaissie; et des *vaisseaux*, c'est-à-dire de longs tubes formés de la réunion d'un grand nombre de cellules superposées en file les unes aux autres, et dont les parois en contact se sont résorbées. Les Cryptogames vasculaires ont une tige, des feuilles, simples ou ramifiées, et des racines véritables; les spores sont renfermées dans des enveloppes appelées *sporanges*, qui sont des dépendances ou des modifications des feuilles; les spores, en germant, ne reproduisent pas directement la plante dont elles sont issues, mais elles donnent naissance à une végétation rudimentaire qui porte les organes mâles et les organes femelles, et ce n'est qu'après la fécondation de ceux-ci que se développe une plante semblable à celle dont les spores étaient issues.

Le groupe des Cryptogames vasculaires forme pour ainsi dire le trait dominant de la flore houillère; il se divise en un certain nombre de classes ou familles, les *Équisétinées*, les *Fougères*, les *Lycopodiacées* et les *Rhizocarpées*, dont les trois premières comptaient, à l'époque carbonifère, des représentants nombreux, beaucoup plus puissants et d'une organisation plus parfaite que ceux que nous observons dans la flore actuelle; quant à la quatrième famille, son existence dans le terrain houiller n'est pas encore positivement établie.

Les Phanérogames se divisent en *Phanérogames gymnospermes* et *Phanérogames angiospermes*.

Le caractère essentiel des gymnospermes est d'avoir des ovules nus; en outre les feuilles primaires de l'embryon, dites *cotylédons*, sont généralement assez nombreuses et disposées en verticille. Enfin le bois de ces végétaux, qui tous sont ligneux, est exclusivement composé de fibres, sans vaisseaux proprement dits; il naît par couches concentriques, étant produit par un anneau continu de tissu générateur, de telle sorte que la tige et les rameaux croissent indéfiniment en diamètre. Les gymnospermes actuelles se divisent en deux familles principales, les *Cycadées* et les *Conifères*; celles de la flore houillère, qui sont assez nombreuses, paraissent se rattacher à ces familles, mais elles diffèrent cependant, sous beaucoup de rapports, des végétaux qui en font actuellement partie.

Dans les angiospermes, les ovules sont renfermés dans une cavité close appelée *ovaire*. On sépare les angiospermes en deux classes, les *Monocotylédones* et les *Dicotylédones*.

Phanérogames angiospermes.

Chez les Monocotylédones, la feuille primaire de l'embryon, ou cotylédon, est isolée; le bois, chez les végétaux ligneux, ne s'accroît pas par couches concentriques.

Monocotylédones.

Chez les Dicotylédones, les feuilles primaires de l'embryon sont au nombre de deux, opposées l'une à l'autre; le bois s'accroît par couches concentriques, comme celui des gymnospermes; il est formé de fibres et de vaisseaux.

Dicotylédones.

Mais les angiospermes ne sont citées ici que pour mémoire, car on ne les rencontre pas dans le terrain houiller; elles n'ont fait leur apparition que plus tard, les Monocotylédones à l'époque triasique ou liasique, les Dicotylédones à l'époque crétacée.

On voit, par les caractères qui viennent d'être brièvement indiqués, que la classification botanique repose essentiellement, comme il avait été dit plus haut, sur la connaissance des organes de reproduction des plantes, et l'on comprend les difficultés qu'il doit y avoir à l'appliquer à des débris végétaux incomplets et isolés comme ceux qu'on rencontre sur les empreintes. Heureusement, à côté des caractères primordiaux tirés des organes reproducteurs ou de la structure anatomique, chaque groupe naturel possède, en général, un ensemble de caractères extérieurs, difficile peut-être à définir, mais qui ressort de la comparaison avec les autres groupes et qui suffit à l'en distinguer. Ainsi tout le monde reconnaîtra, du premier coup d'œil, une fougère, un conifère, un palmier, sans le secours des caractères botaniques fondamentaux et simplement par l'aspect général, qui ne permet guère de confondre avec d'autres les végétaux appartenant à ces familles. C'est à ces caractères extérieurs qu'il faut habituellement recourir pour la détermination des plantes fossiles; c'est en les examinant judicieusement qu'on est arrivé à une classification naturelle, en groupant d'abord par genres les espèces qui présentaient des traits communs, et en cherchant ensuite, dans les végétaux vivants, quels étaient ceux avec lesquels il y avait la plus grande ressemblance ou tout au moins la plus grande analogie. Parmi ces caractères extérieurs, il faut citer en première ligne la disposition

Classification des plantes fossiles.

des nervures des feuilles, sur l'étude de laquelle est basée presque toute la classification des fougères fossiles, de même que celle des feuilles isolées de végétaux dicotylédonés. La disposition des feuilles sur les tiges, les cicatrices qu'elles laissent en tombant, le mode d'insertion des rameaux, fournissent en général, quand on peut les observer, autant de traits distinctifs, dont il importe de tenir compte et qui peuvent aider puissamment à la détermination.

Mais, pour certains types, trop différents de ceux de la flore actuelle, l'étude des formes extérieures est insuffisante et ne permet pas, à elle seule, de déterminer avec certitude à quelle famille, ni même parfois à quel embranchement on a affaire; on n'en peut tirer que des inductions, et, suivant qu'on s'attache de préférence à tel ou tel caractère, on peut être conduit à un résultat différent. Les caractères anatomiques sont alors indispensables; mais il faut un mode de conservation particulier pour pouvoir les observer, et souvent alors les caractères extérieurs ont disparu; il est donc assez difficile, dans ces cas spéciaux, de sortir d'incertitude et de savoir quelle place on doit donner dans la classification générale à ces types singuliers; mais, outre que nos connaissances sous ce rapport font chaque jour de nouveaux progrès, ces types n'en sont pas moins nettement caractérisés, ils peuvent se reconnaître aisément sur les empreintes, et les espèces qu'on y a distinguées sont encore fondées sur des caractères extérieurs facilement observables; s'ils demeurent un problème pour le botaniste, ils n'en fournissent pas moins au géologue un appui sûr pour la reconnaissance des niveaux, et c'est ce qui me permettra, comme je l'ai dit plus haut, de ne donner, dans la description des genres et des espèces, pour ainsi dire aucun détail anatomique.

CHAPITRE II.

DESCRIPTION DES PRINCIPAUX VÉGÉTAUX FOSSILES DU TERRAIN HOUILLER.

CRYPTOGAMES VASCULAIRES.

1. Équisétinées.

Tiges généralement creuses, divisées en articles par des diaphragmes transversaux, marquées sur leur surface extérieure de cannelures longitudinales plus ou moins nettes. Feuilles disposées en verticilles, libres, ou soudées en gaîne ou en collerette sur une certaine longueur, uninerviées, quelquefois nulles. Rameaux primaires naissant de même en verticilles; rameaux secondaires verticillés ou distiques.

Fructification en épis; les sporanges sont portés d'ordinaire par des supports spéciaux dits *sporangiophores*, disposés en verticilles, et souvent élargis au sommet en une sorte d'écusson; c'est alors sur les bords et à la face inférieure de cet écusson que sont fixés les sporanges.

Cette famille ne renferme à l'époque actuelle qu'un seul genre, le genre *Equisetum* ou *Prêle;* elle était beaucoup plus richement représentée à l'époque houillère.

Genre CALAMITES. Schlotheim.

Calamites. Schlotheim, *Petrefactenkunde*, p. 398.

Tiges cylindriques, articulées, marquées de côtes longitudinales alternant aux articulations; côtes séparées par des sillons plus ou moins prononcés, munies à leur partie supérieure et quelquefois aussi à leur partie inférieure de mamelons arrondis ou ovales légèrement saillants.

Les tiges des *Calamites* étaient creuses, et souvent on n'en trouve que le moule interne, qui présente, en empreintes, les mêmes caractères que les tiges dont l'enveloppe est conservée sous forme de lame charbonneuse. Ces tiges s'infléchissent à leur base et s'y terminent en cône renversé pour s'attacher à des rhizomes horizontaux, également articulés; les articles, de longueur à peu près constante sur la partie moyenne de la tige, se raccourcissent de plus en plus à mesure qu'on approche de la base. Vers le sommet, les tiges s'amincissent de même peu à peu. Parfois elles émettent des rameaux qui s'insèrent sur l'articulation même de la tige.

Les mamelons placés au sommet des côtes paraissent représenter les organes foliaires, dont on n'a jamais trouvé de trace en relation positive avec les tiges; quant à ceux qui se voient à la base des côtes, ils correspondent à l'insertion de radicules, qu'on a trouvées encore attachées; ces radicules, qu'on rencontre parfois en empreintes, se présentent sous une forme rubanée, larges de 5 à 10 millimètres, parcourues suivant leur axe par un faisceau vasculaire bien net; leur surface est striée à la fois en long et en travers. J'en ai observé, sur une plaque de schiste de Liévin (Pas-de-Calais), des empreintes très-nettes, paraissant s'attacher en verticille à une tige de *C. Suckowi.*

Les organes de reproduction des Calamites ne sont pas connus d'une manière précise.

CALAMITES SUCKOWI. Brongniart.

(Atlas, pl. CLIX, fig. 1.)

Calamites Suckowii. Brongniart, *Hist. végét. foss.*, I, p. 124; pl. XIV, fig. 6; pl. XV, fig. 1 à 6; pl. XVI, fig. 2, 3, 4, an fig. 1 (?).
Calamites æqualis. Sternberg, *Ess. Fl. monde prim.*, II, p. 49.

Tiges de 3 à 15 centimètres de diamètre; articles de 3 à 10 centimètres de longueur; côtes plates, de 1mm,5 à 2 millimètres de largeur, presque lisses extérieurement, mais se montrant, sur le moule interne, finement striées dans le sens longitudinal, arrondies aux extrémités. Sillons faibles, de 0mm,5 de largeur, peu accusés à l'extérieur, plus accentués sur le moule interne, où ils se montrent limités par deux stries très-nettes, courant le long des côtes qui les bordent. Mamelons arrondis, peu saillants, au sommet des côtes. Mamelons de la base des côtes légèrement coniques, peu accusés.

Cette espèce est commune dans tout le terrain houiller proprement dit.

HOUILLER MOYEN.

BASSIN DU NORD ET DU PAS-DE-CALAIS. — *Vicoigne* : fosse n° 1, grande veine, v. Saint-Louis; f. n° 4, v. l'Abbaye. *Raismes* : f. Thiers, v. Printanière, v. Filonnière, v. Meunière, v. n° 2; f. Bleuse-Borne, petite veine, v. Décadi, v. Grande-Passée; f. Saint-Louis, v. Nord, v. Filonnière, v. Meunière; f. du Chaufour, v. Laitière. *Anzin* : f. Renard, v. Président, v. Paul. *Denain* : f. Villars, v. Édouard. *Aniche* : v. Joseph, v. Ferdinand, v. Jumelles, grande veine; f. Saint-Louis, v. Marie; f. l'Archevêque, v. Marie, v. Fénelon; f. Fénelon, v. Marie; f. Dechy, v. n° 12; f. Gayant, v. Dilloy; f. Notre-Dame, v. Wavrechain. *L'Escarpelle* : f. n° 3, v. Ernest. (Nord.) — *Ostricourt* : f. n° 2, v. n° 6, v. n° 9. *Carvin* : f. n° 1, v. Saint-Julien. *Meurchin* : f. n° 1, v. n° 1. *Dourges* : v. n° 5, v. l'Éclaireuse. *Courrières* : f. n° 1, v. de la Renaissance; f. n° 2, v. Eugénie, v. Adélaïde. *Lens* : f. n° 1, v. Marie; f. n° 2, v. Beaumont, v. Dufrénoy; f. n° 4, v. Valentin, v. Auguste, v. Édouard; f. n° 6, v. n° 5. *Liévin. Bully-Grenay* : f. n° 3, v. Marie, v. n° 3; f. n° 5, v. Saint-Alexis; f. n° 1, v. Saint-André. *Nœux* : f. n° 1, v. Saint-Michel, v. Saint-Augustin, 1re veine; f. n° 3, v. Sainte-Marie. *Bruay* : f. n° 1, v. Henri; f. n° 3, v. Edgard, v. Maurice. *Marles* : f. n° 4, v. Désirée, v. Antoinette. *Cauchy-à-la-Tour* : v. Saint-Louis. (Pas-de-Calais.)

BASSIN DU BAS-BOULONNAIS. — *Hardinghen* : f. du Souich, f. Providence. *Ferques* : f. de Leulinghen. (Pas-de-Calais.)

HOUILLER SUPÉRIEUR.

BASSIN DE LA LOIRE. — *Rive-de-Gier* : grande couche. *Saint-Chamond. La Chazotte. La Porchère. Villars. Treuil. Montrambert. Avaize.* (Loire.) [GRAND'EURY [1].]

Brassac (Puy-de-Dôme). [GRAND'EURY.]

Langeac (Haute-Loire).

La Mure (Isère).

BASSIN D'ALAIS. — *Bessèges. Molière. La Grand'Combe* : zone inférieure. (Gard.) [GRAND'EURY.]

Graissessac (Hérault). [GRAND'EURY.]

Carmaux (Tarn).

BASSIN DE DECAZEVILLE. — *La Vaysse. Paleyrets. Firmy.* (Aveyron.)

Ahun (Creuse).

Commentry : couche des Pourrats. *Montet-aux-Moines.* (Allier.) [GRAND'EURY.]

La Chapelle-sous-Dun (Saône-et-Loire). [GRAND'EURY.]

BASSIN DE SAÔNE-ET-LOIRE. — *Blanzy* : grande couche supérieure. [GRAND'EURY.]

BASSIN D'AUTUN. — *Épinac* : étage inférieur. (Saône-et-Loire.) [GRAND'EURY.]

Ronchamp (Haute-Saône). [GRAND'EURY.]

---

[1] Pour les localités que je n'ai pas reconnues moi-même, j'ai indiqué ainsi, entre crochets, l'auteur qui les a signalées comme possédant l'espèce précitée.

Saint-Pierre-Lacour (Mayenne).
Littry : puits Firmichon. (Calvados.)
Saint-Nazaire (Var). [GRAND'EURY.]

CALAMITES CISTI. BRONGNIART.

Calamites Cistii. Brongniart, *Hist. végét. foss.*, 1, p. 129, pl. XX.
Calamites dubius. Artis, *Antedil. Phytology,* pl. XIII.

Diffère du *C. Suckowi* par ses articles généralement plus longs par rapport au diamètre de la tige, ayant en moyenne de 8 à 12 centimètres de longueur, par ses côtes plus étroites, de 1 millimètre au plus de largeur, un peu aiguës aux extrémités, par ses mamelons de forme oblongue, moins nettement accusés.

Les sillons, comme dans le *C. Suckowi,* sont marqués de deux lignes parallèles sur le moule interne. Le *C. dubius,* fondé sur ce caractère, ne doit donc pas être conservé comme espèce distincte; il me paraît devoir être rattaché au *C. Cisti,* dont il représente seulement une forme accidentelle ou plutôt un mode de conservation particulier; mais, comme il ne peut être pris pour type de l'espèce, son nom ne doit évidemment pas, quoiqu'il soit plus ancien, être substitué à celui de *Cisti.*

Cette espèce, moins commune que le *C. Suckowi,* est répandue cependant dans tout le terrain houiller proprement dit.

HOUILLER MOYEN.

BASSIN DU NORD ET DU PAS-DE-CALAIS. — *Vicoigne :* fosse n° 1, grande veine, v. Saint-Louis. *Raismes :* f. Thiers, v. Printanière, v. Filonnière; f. Bleuse-Borne, v. Grande-Passée. *Aniche :* v. Jumelles; f. Fénelon; f. Notre-Dame, v. Lallier. (Nord.) — *Dourges :* v. Sainte-Cécile. *Courrières :* f. n° 1, v. de la Renaissance; f. n° 2, v. Eugénie, v. Isabelle; f. n° 4, v. Sainte-Barbe, v. Augustine. *Lens :* f. n° 2, v. Dumont; f. n° 4, v. François. *Bully-Grenay :* f. n° 3, v. n° 3; f. n° 5, v. Saint-Alexis. *Bruay :* f. n° 1, v. Saint-Jules, v. Sainte-Aline; f. n° 3, v. Edgard. *Marles :* f. n° 3, v. Henriette; f. n° 4, v. Désirée. *Cauchy-à-la-Tour :* v. Saint-Louis, v. Saint-Joseph. (Pas-de-Calais.)

BASSIN DU BAS-BOULONNAIS. — *Hardinghen :* f. du Souich, f. Providence.

HOUILLER SUPÉRIEUR.

BASSIN DE LA LOIRE. — *Communay* (Isère). — *Rive-de-Gier. Grand'Croix. Saint-Chamond. La Chazotte. Roche-la-Molière. Villars. Treuil :* 2°, 5° et 8° couches. *La Ricamarie. La Béraudière. Côte-Thiollière :* 3° couche. *Avaize.* (Loire.) [GRAND'EURY.]

Brassac (Puy-de-Dôme). [GRAND'EURY.]

La Mure (Isère). [GRAND'EURY.]

Prades (Ardèche). [GRAND'EURY.]

BASSIN D'ALAIS. — *Bessèges. Molière. Cessous.* (Gard.) [GRAND'EURY.]

Graissessac (Hérault). [GRAND'EURY.]

La Rhune (Basses-Pyrénées). [BUREAU.]

Carmaux (Tarn).

BASSIN DE DECAZEVILLE. — *La Vaysse. Paleyrets.* (Aveyron.) [GRAND'EURY.]

Argentat (Corrèze).

Bosmoreau (Creuse). [GRAND'EURY.]

Commentry : couche du Marais. (Allier.) [GRAND'EURY.]

La Chapelle-sous-Dun (Saône-et-Loire). [GRAND'EURY.]

BASSIN DE SAÔNE-ET-LOIRE. — *Blanzy :* grande couche supérieure. [GRAND'EURY.]

Buxière-la-Grue (Allier). [GRAND'EURY.]

Ronchamp (Haute-Saône). [GRAND'EURY.]

Littry : puits Firmichon. (Calvados.)

Saint-Nazaire (Var). [GRAND'EURY.]

CALAMITES RAMOSUS. ARTIS.

Calamites ramosus. Artis, *Antedil. Phytology,* pl. II.

Calamites nodosus. Sternberg, *Ess. Fl. monde prim.,* I, fasc. 2, p. 30; pl. XVII, fig. 2 ; *non* Schlotheim.

Calamites carinatus. Sternberg, *l. c.,* I, fasc. 3, p. 40, pl. XXXII, fig. 1.

Diffère du *C. Suckowi* par ses côtes moins régulières, moins nettes, ses tubercules souvent à peine distincts, et surtout par la présence habituelle, aux articulations, de grandes cicatrices raméales arrondies auxquelles viennent s'arrêter les côtes des deux articles inférieur et supérieur, ou bien de rameaux encore attachés.

Cette espèce, assez peu commune, paraît propre au terrain houiller moyen. Elle n'a été rencontrée que dans les couches les plus basses du terrain houiller supérieur.

HOUILLER MOYEN.

BASSIN DU NORD ET DU PAS-DE-CALAIS. — *Vicoigne :* fosse n° 1, grande veine, v. Abbaye. *Raismes :* f. du Chaufour, v. Laitière. *Anzin :* f. Renard, v. Paul. *Aniche :* f. Saint-Louis, v. Marie; f. Fénelon. (Nord.) — *Lens :* f. n° 1, nouvelle veine au nord. *Liévin. Nœux :* 1re veine. (Pas-de-Calais.)

HOUILLER SUPÉRIEUR.

Bᴀssɪɴ ᴅᴇ ʟᴀ Lᴏɪʀᴇ. — *Rive-de-Gier. Lorette. Grand'Croix.* (Loire.) [Gʀᴀɴᴅ'Eᴜʀʏ.]

CALAMITES CANNÆFORMIS. Sᴄʜʟᴏᴛʜᴇɪᴍ.

Calamites cannæformis. Schlotheim, *Petrefactenkunde,* p. 398, pl. XX, fig. 1.

Tiges légèrement contractées aux articulations; côtes convexes, de 2 millimètres à 2ᵐᵐ,5 de largeur, se terminant en coin aux extrémités; mamelons arrondis, peu accentués.

Cette espèce me paraît se rencontrer plutôt dans le terrain houiller supérieur que dans le terrain houiller moyen; je ne l'ai du moins jamais vue dans le bassin du Nord.

HOUILLER SUPÉRIEUR.

Bᴀssɪɴ ᴅᴇ ʟᴀ Lᴏɪʀᴇ. — *Saint-Chamond :* puits Darnon. *La Béraudière. Montrambert. Avaize. La Malafolie.* (Loire.) [Gʀᴀɴᴅ'Eᴜʀʏ.]

Langeac (Haute-Loire). [Gʀᴀɴᴅ'Eᴜʀʏ.]

Neffiez (Hérault). [Gʀᴀɴᴅ'Eᴜʀʏ.]

Commentry : couche des Pourrats. (Allier.) [Gʀᴀɴᴅ'Eᴜʀʏ.]

Decize (Nièvre). [Gʀᴀɴᴅ'Eᴜʀʏ.]

Bᴀssɪɴ ᴅᴇ Sᴀ̂ᴏɴᴇ-ᴇᴛ-Lᴏɪʀᴇ. — *Blanzy :* couches de couronnement. [Gʀᴀɴᴅ'Eᴜʀʏ.]

CALAMITES GIGAS. Bʀᴏɴɢɴɪᴀʀᴛ.

Calamites gigas. Brongniart, *Hist. végét. foss.,* I, p. 136, pl. XXVII.

Tiges atteignant 30 centimètres de diamètre; côtes larges de 4 à 6 millimètres, souvent un peu inégales, se terminant en pointes aiguës aux extrémités et s'emboîtant exactement les unes entre les autres, de telle sorte que l'articulation est marquée par une ligne en zigzag à angles aigus.

Je n'ai jamais vu au sommet des côtes de cette espèce les tubercules propres aux véritables Calamites; par l'absence de ce caractère et par l'inégalité de ses côtes et de ses articles, elle se placerait peut-être mieux dans le genre *Calamodendron* et correspondrait peut-être à un moule de canal médullaire; mais on ne peut actuellement trancher cette question.

Le *C. gigas* est spécial au terrain permien.

PERMIEN.

Brive : carrière du Gourd-du-Diable. *Objat.* (Corrèze.)
Mines de *Bert* (Allier). [GRAND'EURY.]
Schistes bitumineux de *Lally* (Saône-et-Loire). [GRAND'EURY.]
Plan-de-la-Tour (Var). [GRAND'EURY.]

Genre ASTEROCALAMITES. SCHIMPER.

Calamites. Schlotheim, *Petrefactenkunde,* p. 402 (pars).
Bornia. Sternberg, *Ess. Fl. monde prim.,* I, fasc. 4, p. xxviii (pars). — Schimper, *Traité de paléont. végét.,* I, p. 334.
Asterocalamites. Schimper, *Terr. de transit. des Vosges,* p. 321.
Archæocalamites. Stur, *Culm-Flora,* Heft I, p. 2.

Tige cylindrique, articulée, marquée de côtes longitudinales continues, n'alternant pas aux articulations; munie, sur les articulations, de cicatrices ponctiformes ou allongées, placées dans les sillons qui séparent les côtes.

Le genre *Bornia* de Sternberg, comprenant toutes les tiges articulées munies de cicatrices ponctiformes, peut d'autant moins être conservé pour le seul *Calamites scrobiculatus,* que Sternberg indique lui-même que cette espèce devrait sans doute constituer un genre à part. C'est évidemment là le motif qui a conduit M. Stur à créer un nom nouveau, ne pouvant prêter à confusion; mais il existait un nom antérieur au sien, M. Schimper ayant, en 1862, créé, pour le *Calamites radiatus* Brongniart, le sous-genre *Asterocalamites.*

Je laisse ici ce genre parmi les Équisétinées, avec lesquelles il a de grandes analogies par les caractères extérieurs; mais il serait fort possible qu'il appartînt plutôt aux Calamodendrées; il faudrait pouvoir observer son mode de reproduction ou étudier sa structure anatomique pour trancher la question.

ASTEROCALAMITES SCROBICULATUS. SCHLOTHEIM (sp.).

(Atlas, pl. CLIX, fig. 2.)

Calamites scrobiculatus. Schlotheim, *Petrefactenkunde,* p. 402, pl. XX, fig. 4.
Bornia scrobiculata. Sternberg, *Ess. Fl. monde prim.,* I, fasc. 4, p. xxviii.
Calamites radiatus. Brongniart, *Hist. végét. foss.,* I, p. 122, pl. XXVI, fig. 1 et 2.

Calamites transitionis. Gœppert, in Wimmer, *Flora von Schlesien*, t. II, p. 197; in Rœmer, *Palæontographica*, t. III, p. 45, pl. VII, fig. 4.
Archæocalamites radiatus. Stur, *Culm-Flora*, Heft I, p. 2; pl. I, fig. 3-8; pl. II, III, IV; pl. V, fig. 1 et 2; Heft II, p. 74; pl. II, fig. 1 à 6; pl. III, fig. 1 et 2; pl. IV, fig. 1, 1 *b*; pl. V, fig. 1.

Côtes plates, de 2 à 4 millimètres de largeur; feuilles verticillées, linéaires, se divisant symétriquement trois et quatre fois de suite par dichotomie.

La figure de Schlotheim se rapporte incontestablement à cette espèce, dont elle exprime parfaitement les caractères. Le nom de *scrobiculatus*, ayant ainsi la priorité, doit être substitué à celui de *radiatus*, plus communément employé.

Cette espèce est particulière au terrain houiller inférieur.

HOUILLER INFÉRIEUR.

Niederburbach, près Thann (Alsace). — *Rougemont* (Haut-Rhin).
Anthracites de la Basse-Loire. [BUREAU.]
La Baconnière (Mayenne). — *Sablé* (Sarthe). [GRAND'EURY.]
Anthracites du Roannais : *Valsonne.* (Rhône.) — *Combre. Régny.* (Loire.) [GRAND'EURY.]

Genre ASTEROPHYLLITES. BRONGNIART.

Casuarinites. Schlotheim, *Petrefactenkunde*, p. 397 (pars).
Asterophyllites. Brongniart, *Classif. végét. foss.*, p. 10 (pars).
Schlotheimia. Sternberg, *Ess. Fl. monde prim.*, 1, fasc. 2, p. 31 et 36.
Bornia. Sternberg, *l. c.*, fasc. 4, p. XXVIII (pars).
Brukmannia. Sternberg, *l. c.*, fasc. 4, p. XXIX (pars).
Bechera. Sternberg, *l. c.*, fasc. 4, p. XXX (pars).

Tiges ou rameaux articulés, lisses ou marqués de côtes longitudinales peu distinctes, munis aux articulations de feuilles linéaires, à une seule nervure, disposées en verticilles, égales entre elles, et généralement dressées; tiges portant leurs rameaux en verticilles; rameaux se divisant eux-mêmes par ramification distique; rameaux secondaires opposés, étalés dans un même plan.

Le nom de *Casuarinites*, de Schlotheim, qui aurait la priorité, me paraît avoir été abandonné avec raison, les *Asterophyllites* n'étant point des *Casuarina* fossiles.

ASTEROPHYLLITES EQUISETIFORMIS. Schlotheim (sp.).

(Atlas, pl. CLIX, fig. 3[1]).

Casuarinites equisetiformis. Schlotheim, *Petrefactenkunde*, p. 397. *Fl. der Vorw.*, pl. I, fig. 1; pl. II, fig. 3.
Bornia equisetiformis. Sternberg, *Ess. Fl. monde prim.*, I, fasc. 4, p. xxviii. — Steininger, *Geogn. Beschr. des Landes zwischen der Saar und dem Rhein*, fig. 13.
Asterophyllites equisetiformis. Brongniart, *Dict. sc. nat.*, t. LVII, p. 156.
Annularia calamitoides. Schimper, *Traité de paléont. végét.*, I, p. 349, pl. XXVI, fig. 1.

Feuilles linéaires, de 1/2 à 1 millimètre de largeur et 12 à 15 millimètres de longueur environ sur les rameaux, atteignant $1^{mm},5$ ou 2 millimètres de largeur et 40 millimètres de longueur sur la tige, légèrement arquées vers le haut, au nombre de vingt à vingt-quatre par verticille, autant qu'on en peut juger sur les empreintes; nervure médiane nette. Articles plus courts que les feuilles, de sorte que celles-ci empiètent d'un verticille sur l'autre. Les diaphragmes tendus dans les tiges creuses, au niveau des verticilles foliaires, se montrent souvent assez nettement sur les empreintes, de sorte que les feuilles semblent soudées en collerette à leur base. (C'est ce qui a lieu sur l'échantillon figuré par Steininger, et ce qui a conduit M. Schimper à le rattacher au genre *Annularia*.)

Cette espèce, répandue surtout dans le terrain houiller supérieur, apparaît déjà dans les parties élevées du terrain houiller moyen, avec des feuilles un peu plus grêles et un peu plus étalées; mais cette forme ne diffère pas assez du type pour pouvoir être regardée comme une espèce distincte.

HOUILLER MOYEN.

Bassin du Nord et du Pas-de-Calais. — *Raismes* : fosse Bleuse-Borne, veine à filons. *Anzin* : f. Renard, v. Paul, v. Président. (Nord.) — *Courrières* : f. n° 4, v. Augustine. *Lens* : f. n° 1, v. du Nord; f. n° 2, v. Amé. *Bully-Grenay* : f. n° 3, v. Désiré; f. n° 5, v. Saint-Joseph, v. Saint-Alexis; f. n. 2, v. Saint-Vincent. *Nœux* : f. n° 1, v. Saint-Augustin. (Pas-de-Calais.)

HOUILLER SUPÉRIEUR.

Bassin de la Loire. — *Saint-Chamond. Roche-la-Molière. Quartier-Gaillard* : 2° couche. *Montrambert* : couche des Littes. *La Béraudière* (Loire). [Grand'Eury.]

[1] La figure 3, pl. CLIX, indique des feuilles presque filiformes; en réalité, ces feuilles ont 1/2 à 3/4 de millimètre de largeur; elles ont été représentées trop minces.

La Mure. La Motte-d'Aveillans. (Isère.)
Bassin de Decazeville. — *Paleyrets. La Vaysse. Firmy.* (Aveyron.)
Argentat (Corrèze).
Cublac (Dordogne).
Ahun (Creuse).
Commentry (Allier).

ASTEROPHYLLITES TENUIFOLIUS. Sternberg (sp.).

Schlotheimia tenuifolia. Sternberg, *Ess. Fl. monde prim.*, I, fasc. 2, p. 36, pl. XIX, fig. 2.
Brukmannia tenuifolia. Sternberg, *l. c.*, fasc. 4, p. xxix.
Asterophyllites tenuifolia. Brongniart, *Dict. sc. nat.*, t. LVII, p. 157.
Brukmannia longifolia. Sternberg, *l. c.*, fasc. 4, p. xxix, pl. LVIII, fig. 1.
Asterophyllites longifolia. Brongniart, *l. c.*, p. 157.

Feuilles linéaires, de 1/2 à 1 millimètre au plus de largeur, sur 4 à 5 centimètres de longueur et plus, très-nombreuses à chaque verticille, généralement dressées; nervure médiane souvent peu nette. Longueur des articles égale aux deux tiers de celle des feuilles environ.

Cette espèce existe dans le terrain houiller moyen et dans le terrain houiller supérieur; mais elle semble ne se montrer que dans les couches élevées du houiller moyen et dans le bas du houiller supérieur.

HOUILLER MOYEN.

Bassin du Nord et du Pas-de-Calais. — *Raismes :* fosse Thiers, veine Printanière. *Anzin :* f. Renard, v. Mark, v. Paul. (Nord.) — *Dourges :* f. n° 2, v. n° 5. (Pas-de-Calais.)

HOUILLER SUPÉRIEUR.

La Motte-d'Aveillans (Isère).
Carmaux (Tarn).

ASTEROPHYLLITES GRANDIS. Sternberg (sp.).

Bechera grandis. Sternberg, *Ess. Fl. monde prim.*, I, fasc. 4, p. xxx, pl. XLIX, fig. 1.
Asterophyllites dubia. Brongniart, *Dict. sc. nat.*, t. LVII, p. 157.
Bechera delicatula. Sternberg, *l. c.*, p. xxxi, pl. XLIX, fig. 2.
Asterophyllites delicatula. Brongniart, *l. c.*, p. 157.

Feuilles linéaires, de 1/2 millimètre au plus de largeur, sur 2 à 4 millimètres de longueur, du moins celles des derniers ramules, plus grandes sur les rameaux, très-peu nombreuses (six à huit?) par verticille, partant normalement à l'axe du rameau et se recourbant vers le haut; articles de longueur variable, ayant 1 à 2 centimètres et plus sur les rameaux primaires, égaux seulement aux feuilles sur les derniers ramules.

Cette espèce se rencontre de préférence dans le terrain houiller moyen ; mais elle a été signalée aussi à la base de l'étage supérieur.

HOUILLER MOYEN.

Bassin du Nord et du Pas-de-Calais. — *Anzin* : fosse Casimir-Périer, 1ᵉ veine du Nord. *Aniche* : v. Bonsecours. (Nord.) — *Carvin* : f. n° 3, 3ᵉ veine du Sud. *Bully-Grenay* : f. n° 3, v. n° 3. *Nœux* : f. n° 1, v. Saint-Augustin. *Bruay* : f. n° 1, v. Henri. *Auchy-au-Bois* : f. n° 1, v. Maréchale; f. n° 2. (Pas-de-Calais.)

Bassin de la Vendée. — *Épagne. Faymoreau.* (Vendée.) [Grand'Eury.]

HOUILLER SUPÉRIEUR.

Bassin de la Loire. — *Montbressieux. Monteux. La Niarais.* (Loire.) [Grand'Eury.]

Genre CALAMOPHYLLITES. Grand'Eury.

Macrostachya. Schimper, *Traité de paléont. végét.*, I, p. 332 (pars).
Calamophyllites. Grand'Eury, *Comptes rendus Acad. sc.*, t. LXVIII, p. 708. *Flore carbonifère du départ. de la Loire*, p. 32.

Troncs des *Asterophyllites*. Tiges articulées, à articles de longueur variable, lisses ou striées, mais non marquées de côtes distinctes; munies aux articulations de cicatrices foliaires elliptiques, allongées horizontalement et contiguës, de 2 millimètres à 2ᵐᵐ,5 de longueur et pourvues elles-mêmes à leur centre d'une cicatricule ponctiforme. Çà et là sur la tige, au-dessus des lignes de cicatrices foliaires, verticilles de grosses cicatrices rondes, de 10 à 15 millimètres de diamètre, correspondant aux rameaux et marquées elles-mêmes d'une cicatrice concentrique plus petite.

Je ne fais que signaler ce genre sans nommer d'espèce, la distinction spécifique étant fort difficile, et ces tiges devant, quand elles seront mieux connues, se rattacher aux diverses espèces d'*Asterophyllites* et cesser de former un genre distinct.

Genre VOLKMANNIA. Sternberg.

Volkmannia. Sternberg, *Ess. Fl. monde prim.*, I, fasc. 4, p. xxix.

Épis de reproduction des *Asterophyllites*, composés de verticilles de feuilles ou de bractées, entre lesquels étaient placés les sporanges. Ceux dont on a pu étudier l'organisation ont montré des sporangiophores placés à l'aisselle des bractées, élargis au sommet en un disque charnu, et portant chacun quatre sporanges[1].

Ces épis s'attachent en verticilles à des tiges articulées ou sont disposés en deux séries, opposés deux à deux, le long de rameaux articulés, comme les rameaux secondaires des *Asterophyllites*. Ils sont généralement pédicellés.

Je me borne à mentionner ce genre, destiné, comme le précédent, à disparaître quand on pourra rapporter avec certitude ces épis aux tiges qui les avaient portés. La distinction des espèces serait, d'ailleurs, sans grande importance au point de vue stratigraphique.

Genre MACROSTACHYA. Schimper.

Macrostachya. Schimper, *Traité de paléont. végét.*, I, p. 332 (pars).

Grands épis, courbés à la base, arrondis au sommet, composés de verticilles imbriqués de bractées soudées les unes aux autres sur une grande partie de leur longueur, étalées à la base, puis redressées verticalement. J'ai conservé le nom générique de M. Schimper, bien que cet auteur réunisse sous ce nom des éléments divers, la dépendance des grands épis qu'il figure pl. XXIII, fig. 15, 16, 17, et des troncs des fig. 13 et 14 n'étant rien moins que démontrée, ces troncs étant ceux des *Asterophyllites*, et leurs grandes cicatrices étant des cicatrices de rameaux feuillés, comme le montre un magnifique échantillon de Saint-Étienne donné au Muséum par M. Grand'Eury et représenté très-exactement à la pl. IV de la *Flore carbonifère du département*

---

[1] Voir *Annales des sciences naturelles*, 6ᵉ série, *Botanique*, t. III, p. 17, pl. II, IV. B. Renault, *Fructification de quelques végétaux silicifiés d'Autun et de Saint-Étienne.*

de la Loire; mais l'étymologie même du nom indique que c'est en vue des épis plutôt qu'en vue des troncs que M. Schimper l'a créé.

MACROSTACHYA CARINATA. Germar (sp.).

(Atlas, pl. CLIX, fig. 4.)

Brongniart, *Classif. végét. foss.*, pl. IV, fig. 4.

Equisetum infundibuliforme? Brongniart, *Hist. végét. foss.*, I, p. 119, pl. XII, fig. 14 et 15; *non* Bronn [1].

Equisetum infundibuliforme, var. β. Gutbier, *Abdr. und Verst. des Zwick. Schwarzkohl.*, p. 30, pl. III *b*, fig. 5 et 6.

Huttonia carinata. Germar, *Verstein. des Steink. von Wettin und Löbejün*, p. 90, pl. XXXII, fig. 1 et 2.

Macrostachya infundibuliformis. Schimper, *Traité de paléont. végét.*, I, p. 333 (excl. syn.), pl. XXIII, fig. 15 à 17, *non* fig. 13 et 14.

Épis de 14 à 18 centimètres de longueur et plus, sur 25 à 35 millimètres de largeur, composés de verticilles distants de 3 à 4 millimètres environ. Ces verticilles sont formés de bractées soudées en un plancher horizontal, se redressant ensuite parallèlement à l'axe et se présentant sur les empreintes sous la forme de dents de 1 à 1^{mm},5 de large sur 6 à 8 millimètres de long, munies sur le dos d'une carène saillante, soudées les unes aux autres sur la moitié environ de leur longueur, puis atténuées en une pointe aiguë et alternant d'un verticille à l'autre. D'après les recherches de M. Renault [2], les sporanges seraient fixés directement sur la portion horizontale des bractées.

Cette espèce est spéciale au terrain houiller supérieur et s'y rencontre fréquemment; elle paraît se montrer encore à la base du permien, car M. Grand'Eury la signale dans les schistes bitumineux d'Autun.

HOUILLER SUPÉRIEUR.

Bassin de la Loire. — *La Péronnière. Lorette. Mouillon. Chapoulet. Grand'Croix. La*

[1] La figure de l'*Equisetum infundibuliforme* Bronn (in Bischoff, *Die kryptog. Gewächse*, 1re Lief., p. 52, pl. VI, fig. 4) reproduite par Brongniart, *l. c.*, fig. 16, me paraît correspondre exactement à de grands épis de fructification, appartenant sans doute à un Astéro-phyllite et dont l'École des Mines possède un fort bel échantillon provenant précisément du terrain houiller de Sarrebrück, mais qui sont absolument différents de l'espèce dont je parle ici.

[2] *Annales des sciences naturelles*, 6e série, *Botanique*, t. III, p. 20, pl. IV, fig. 19-23.

CHAPITRE II.

Porchère. La Malafolie. La Béraudière : 3ᵉ couche. *Montrambert. Roche-la-Molière :* couche du Sagnat. (Loire.) [GRAND'EURY.]

Langeac (Haute-Loire). [GRAND'EURY.]

BASSIN D'ALAIS. — *Bessèges. Molière. Cessous. Portes.* (Gard.) [GRAND'EURY.]

Graissessac. Neffiez. (Hérault.) [GRAND'EURY.]

Carmaux (Tarn).

BASSIN DE DECAZEVILLE. — *La Vaysse. Paleyrets.* (Aveyron.)

Argentat (Corrèze).

Ahun (Creuse).

Commentry : grande couche, couche du Marais. (Allier.) [GRAND'EURY.]

Buxière-la-Grue (Allier).

BASSIN D'AUTUN. — *Épinac* (Saône-et-Loire). [GRAND'EURY.]

Genre ANNULARIA. STERNBERG.

Annularia. Sternberg, *Ess. Fl. monde prim.*, I, fasc. 2, p. 31 et 36.
Bornia. Sternberg, *l. c.*, fasc. 4, p. XXVIII (pars).

Tiges articulées, à rameaux opposés, naissant au-dessus des feuilles, tous dans un même plan. Feuilles à une seule nervure, verticillées, étalées dans le plan des rameaux, et non dressées comme dans les *Asterophyllites,* soudées les unes aux autres par leur base, au moins en apparence, par suite de l'empreinte laissée par le diaphragme qui existait dans la tige à la hauteur de chaque verticille; feuilles souvent inégales, les plus longues étant placées sur les côtés du rameau et les plus courtes étant celles qui se trouvent en avant et en arrière.

Fructification en épis désignés sous le nom de *Brukmannia;* dans ceux de ces épis dont on a pu étudier la structure, on a reconnu des sporangiophores disposés par verticilles alternant avec des verticilles de bractées stériles.

ANNULARIA RADIATA. BRONGNIART (sp.).

(Atlas, pl. CLX, fig. 1.)

Asterophyllites radiatus. Brongniart, *Classif. végét. foss.,* p. 35, pl. II, fig. 7.
Annularia radiata. Sternberg, *Ess. Fl. monde prim.,* I, fasc. 4, p. XXXI.

Rameaux assez grêles; feuilles larges de 3/4 de millimètre à 1 millimètre au milieu, longues de 7 à 18 millimètres, au nombre de douze à vingt par verticille, élargies au milieu, atténuées aux extrémités, très-aiguës au sommet; nervure médiane plus ou moins accentuée; verticilles assez rapprochés, empiétant un peu les uns sur les autres.

Cette espèce est assez répandue dans le terrain houiller moyen; elle m'a paru manquer presque absolument dans le terrain houiller supérieur, si ce n'est toutefois dans les couches les plus basses de cet étage.

HOUILLER MOYEN.

BASSIN DU NORD ET DU PAS-DE-CALAIS. — *Vieux-Condé* : veine à filons. *Vicoigne* : f. n° 2, v. Sainte-Victoire. *Raismes* : f. Thiers, v. Printanière levant. *Aniche* : f. Saint-Louis, v. Marie; f. Saint-René, petite veine. (Nord.) — *Carvin* : f. n° 1, v. à sillons; f. n° 3, 3ᵉ veine Sud. *Dourges* : f. n° 2, v. n° 5, v. l'Éclaireuse. *Courrières* : f. n° 1, v. Saint-Denis. *Lens* : f. n° 2, v. Arago. *Bully-Grenay* : f. n° 3, v. Désirée.

HOUILLER SUPÉRIEUR.

BASSIN DE LA LOIRE. — *Montrond* (Rhône). [GRAND'EURY.]

ANNULARIA SPHENOPHYLLOIDES. ZENKER (sp.).

(Atlas, pl. CLX, fig. 4.)

Galium sphenophylloides. Zenker, in Leonhard et Bronn, *Neues Jahrb. für Mineralogie,* 1833, p. 398, pl. V.
Annularia brevifolia. Brongniart, *Dict. sc. nat.,* t. LVII, p. 154.

Rameaux grêles; feuilles de 3 à 5 millimètres de longueur, au nombre de douze à seize environ par verticille, en coin à la base, s'élargissant au sommet en spatule arrondie, mais apiculées à l'extrémité de la nervure moyenne, celle-ci souvent peu distincte. Verticilles rapprochés, les feuilles de l'un empiétant légèrement sur celles de l'autre.

C'est à cette espèce que Brongniart avait donné le nom d'*Annularia brevifolia;* mais, comme il ne l'a ni décrite ni figurée et n'a renvoyé à aucune description ni à aucune figure, on ne peut adopter le nom qu'il avait proposé.

L'*Annularia sphenophylloides* est très-commun dans le terrain houiller supérieur et peut être rangé parmi les plantes caractéristiques de cet étage; cependant il apparaît déjà dans les couches les plus élevées du terrain houiller moyen.

HOUILLER MOYEN.

BASSIN DU PAS-DE-CALAIS. — *Dourges. Lens* : f. n° 1, v. Céline; f. n° 2, v. Arago. *Bully-Grenay* : f. n° 3, v. Saint-Ignace, v. Saint-Joseph. (Pas-de-Calais.)

HOUILLER SUPÉRIEUR.

BASSIN DE LA LOIRE. — *Communay* (Isère). — *Montrond* (Rhône). — *La Péronnière. Montbressieux. Saint-Chamond. La Chazotte. Montaud* : puits Rolland, puits Avril. *Villars. Roche-la-Molière. Treuil. Quartier-Gaillard.* (Loire.) [GRAND'EURY.]

Grosmesnil (Haute-Loire).

Brassac (Puy-de-Dôme). [GRAND'EURY.]

La Mure. La Motte-d'Aveillans. (Isère.) — *Petit-Cœur* (Savoie).

BASSIN D'ALAIS. — *Bessèges. Molière. La Grand'Combe* : montagne Sainte-Barbe. (Gard.) [GRAND'EURY.]

Graissessac. Neffiez. (Hérault.) [GRAND'EURY.]

La Rhune (Basses-Pyrénées). [BUREAU.]

Carmaux (Tarn).

BASSIN DE DECAZEVILLE. — *Paleyrets* (Aveyron).

Argentat (Corrèze).

Bosmoreau. Ahun. (Creuse.)

Champagnac (Cantal). [GRAND'EURY.]

Decize (Nièvre). [GRAND'EURY.]

Commentry : grande couche, couche du Marais. (Allier.) [GRAND'EURY.]

BASSIN DE SAÔNE-ET-LOIRE. — *Saint-Bérain.* [GRAND'EURY.]

BASSIN D'AUTUN. — *Épinac* : étage inférieur. *Grand-Moloy.* (Saône-et-Loire.) [GRAND'EURY.]

Ronchamp (Haute-Saône).

Val-de-Villé, à Lalaye (Alsace). [SCHIMPER.]

ANNULARIA STELLATA. SCHLOTHEIM (sp.).

(Atlas, pl. CLX, fig. 2 et 3.)

Casuarinites stellatus. Schlotheim, *Petrefactenkunde*, p. 397. *Fl. der Vorw.*, pl. 1, fig. 4.

Bornia stellata. Sternberg, *Ess. Fl. monde prim.*, I, fasc. 4, p. XXVIII.

Annularia longifolia. Brongniart, *Dict. sc. nat.*, t. LVII, p. 154.

Annularia spinulosa. Sternberg, *l. c.*, fasc. 2, p. 36, pl. XIX, fig. 4.

Asterophyllites equisetiformis. Lindley et Hutton, *Foss. Fl. of Gr. Britain*, II, pl. CXXIV (*excl. syn.*).

Brukmannia tuberculata. Sternberg, *l. c.*, fasc. 4, p. XXIX, pl. XLV, fig. 2 (épi de fructification).

Rameaux plus forts que dans l'espèce précédente; feuilles larges de $1^{mm},5$

à 2 millimètres, longues de 15 à 40 millimètres et plus, au nombre de vingt-quatre à trente par verticille, linéaires-lancéolées, acuminées au sommet, à nervure médiane généralement nette. Verticilles rapprochés, les feuilles de l'un empiétant sur celles de l'autre du tiers environ de leur longueur.

Épis de fructification longs de 10 à 15 centimètres et plus; axe de $2^{mm},5$ à 3 millimètres de largeur, articulé, marqué de côtes longitudinales, portant des verticilles de bractées étalées ou même un peu réfléchies à la base, puis dressées, distants les uns des autres de 4 à 5 millimètres, et à 2 ou 3 millimètres au-dessus de chaque verticille de bractées, un verticille fertile composé de pédicelles qui se détachent de l'axe normalement et portent à leur extrémité un groupe de quatre sporanges.

Je regrette de ne pouvoir conserver pour cette espèce le nom d'*Annularia longifolia* donné par Brongniart et généralement employé; mais le nom de Schlotheim, auquel Brongniart renvoie, d'ailleurs, sans donner ni description ni figure, a incontestablement la priorité.

L'*Annularia stellata* est une des plantes les plus répandues dans le terrain houiller supérieur; elle n'a été trouvée qu'exceptionnellement dans le terrain houiller moyen, et exclusivement dans les parties qui paraissent être les plus élevées; on la rencontre encore à la base du terrain permien.

HOUILLER MOYEN.

Bassin du Pas-de-Calais. — *Bully-Grenay* : fosse n° 5, veine Sainte-Barbe; f. n° 3, v. Désiré, v. Marie. (Pas-de-Calais.)

HOUILLER SUPÉRIEUR.

Bassin de la Loire. — *Communay* (Isère). — *Rive-de-Gier. Lorette. Grand'Croix. Saint-Chamond. La Chazotte. Villars. Montaud. Roche-la-Molière. Montrambert. La Béraudière. La Malafolie.* (Loire.) [Grand'Eury.]

Sainte-Foy-l'Argentière (Rhône). [Grand'Eury.]

Saint-Éloy. Brassac. (Puy-de-Dôme.) [Grand'Eury.]

Grosmesnil (Haute-Loire).

La Mure (Isère).

Bassin d'Alais. — *Bessèges. Molière. La Grand'Combe* : couches inférieures, Champclauson, montagne Sainte-Barbe. *Portes.* (Gard.) [Grand'Eury.]

Graissessac. Bousquet d'Orb. (Hérault.)

Carmaux (Tarn).

Saint-Perdoux (Lot). [Grand'Eury.]

Bassin de Decazeville. — *La Vaysse. Paleyrets.* (Aveyron.)

Champagnac (Cantal). [Grand'Eury.]

Argentat. Meymac. Lapleau. (Corrèze.)

Cublac. Le Lardin. (Dordogne.)

Ahun. Bosmoreau. (Creuse.)

Decize (Nièvre).

Commentry : grande couche, couche du Marais. *Montet-aux-Moines.* (Allier.) [Grand'-Eury.]

La Chapelle-sous-Dun (Saône-et-Loire). [Grand'Eury.]

Bassin de Saône-et-Loire. — *Montchanin. Blanzy* : grande couche inférieure. *Saint-Bérain.* [Grand'Eury.]

Bassin d'Autun. — *Épinac* : étage inférieur. (Saône-et-Loire.) [Grand'Eury.]

Val-de-Villé, à Lalaye (Alsace). [Schimper.]

Saint-Pierre-Lacour (Mayenne).

PERMIEN.

Schistes bitumineux de *Chambois* et de *Millery* (Saône-et-Loire). [Grand'Eury.]

Mines de *Bert* (Allier). [Grand'Eury.]

2. Rhizocarpées.

La famille des Rhizocarpées, qui se compose aujourd'hui de quatre genres seulement de plantes aquatiques, est peut-être représentée dans la flore houillère par le genre *Sphenophyllum* qui présenterait quelques analogies, d'après M. B. Renault[1], avec le genre vivant *Salvinia*. La place à attribuer aux *Sphenophyllum* dans la classification a été fort discutée : on les a placés dans les Équisétinées, à cause de leurs tiges cannelées et articulées, mais ils ont un axe plein, formé par trois faisceaux vasculaires, tandis que les Équisétinées ont la tige creuse. On les a réunis aux Lycopodiacées, à cause de leurs sporanges épiphylles, mais ils s'en écartent par leurs tiges articulées et par leur structure anatomique. Ils se rapprochent au contraire, par la constitution de leur axe ligneux, des *Salvinia,* qui présentent en outre, comme eux, des organes foliaires disposés en verticilles ternaires. Enfin, dans les Rhizocarpées, les réceptacles qui renferment les spores sont des dépen-

---

[1] *Annales des sciences naturelles,* 6ᵉ série, *Botanique,* t. IV, p. 278. B. Renault, *Recherches sur la structure des Sphenophyllum et sur leurs affinités botaniques.*

dances des feuilles; les spores sont de deux sortes : les unes excessivement petites (microspores), donnant naissance aux organes mâles; les autres assez grandes, bien visibles à l'œil nu (macrospores), donnant naissance aux organes femelles; les microspores et les macrospores sont renfermées dans des sporanges distincts, dits microsporanges et macrosporanges. Ces caractères, qui paraissent se retrouver dans les épis fructifères des *Sphenophyllum*, confirment encore le rapprochement, qui m'a paru suffisamment fondé pour qu'il y ait lieu d'inscrire ici le nom de cette famille.

Genre SPHENOPHYLLUM. Brongniart.

Sphenophyllites. Brongniart, *Classif. végét. foss.*, p. 9.
Rotularia. Sternberg, *Ess. Fl. monde prim.*, I, fasc. 2, p. 34 et 37; fasc. 4, p. xxxii.
Sphenophyllum. Brongniart, *Dict. sc. nat.*, t. LVII, p. 76.

Tiges articulées, renflées aux nœuds, marquées de côtes longitudinales n'alternant pas aux articulations; feuilles disposées en verticilles, au nombre de six à dix-huit à chaque articulation, étalées ou dressées, cunéiformes, arrondies ou tronquées et généralement dentées ou crénelées au sommet, dépourvues de nervure médiane, mais marquées de nervures dichotomes plus ou moins nombreuses aboutissant au sommet des dents ou des crénelures. Rameaux naissant isolés aux articulations, entre les insertions de deux feuilles contiguës.

Épis de fructification cylindriques, composés de bractées verticillées sur lesquelles sont portés des sporanges, fixés, soit à leur aisselle, soit à une certaine distance au-dessus de leur point d'attache. Les uns paraissent renfermer des macrospores et les autres des microspores. Ces épis sont d'ordinaire assez mal conservés sur les empreintes et trop confus pour qu'on puisse en distinguer les détails d'organisation; aussi ai-je cru devoir donner quelques détails sur ceux que j'ai pu observer avec quelque netteté.

Le nom le plus ancien de ce genre est *Sphenophyllites*, mais il a été transformé avec raison en *Sphenophyllum*, par suite de l'abandon qu'on s'est décidé à faire de la terminaison *ites* pour les noms qui ne dérivent pas des noms des genres actuellement vivants.

SPHENOPHYLLUM CUNEIFOLIUM. Sternberg (sp.).

(Atlas, pl. CLXI, fig. 1 et 2.)

Rotularia cuneifolia. Sternberg, *Ess. Fl. monde prim.*, I, fasc. 2, p. 37, pl. XXVI, fig. 4 *a* et *b*.
Rotularia asplenioides. Sternberg, *l. c.*, fasc. 2, p. 34, pl. XXVI, fig. 4 *a* et *b*.
Rotularia pusilla. Sternberg, *l. c.*, fasc. 4, p. xxxii, pl. XXVI, fig. 4 *a* et *b*.
Sphenophyllum erosum. Lindley et Hutton, *Foss. Fl. of Gr. Britain*, I, pl. XIII.

Feuilles exactement cunéiformes, réunies par verticilles au nombre de six à douze, tronquées au sommet, et à bord divisé en dents pointues, toutes égales; le nombre de ces dents varie de six à douze, il est le plus souvent de huit. Feuilles longues de 5 à 10 millimètres, larges au sommet de 2 à 5 millimètres. De l'insertion de la feuille part une nervure unique qui se divise presque immédiatement par dichotomie en deux branches, qui se subdivisent à leur tour un peu plus loin en rameaux également dichotomes, la division successive étant telle qu'une nervule aboutit au sommet de chacune des dents. Tiges de 1 à 5 millimètres de diamètre; verticilles espacés de 7 à 20 millimètres.

J'ai observé des épis fertiles de cette espèce sur un échantillon provenant des mines de Lens, veine Omérine; ces épis, longs de 2 centimètres sur 4 millimètres de largeur, sont placés à l'extrémité de petits rameaux; ils sont composés de verticilles de bractées distants de $1^{mm},5$ à 2 millimètres. On ne peut distinguer nettement la forme ni le nombre de ces bractées; elles paraissent coriaces et terminées en pointe aiguë; elles ont 3 à 4 millimètres de longueur. On aperçoit à l'aisselle d'une ou deux d'entre elles des sporanges arrondis, à surface ridée, de 1 millimètre ou $1^{mm},25$ de diamètre; d'autres portent des sporanges ovoïdes, longs de $1^{mm},5$, fixés sur elles vers le milieu de leur longueur. D'après les recherches de M. Renault[1], que cette observation confirme, ceux-ci seraient des microsporanges et ceux-là des macrosporanges.

Cette espèce est généralement connue sous le nom de *Sphenophyllum erosum* que lui ont donné Lindley et Hutton, mais elle doit reprendre celui de *cuneifolium* qui a la priorité. Sternberg l'avait d'abord désignée sous le nom

---

[1] *Annales des sciences naturelles*, 6ᵉ série, *Botanique*, t. IV, p. 303, pl. IX, fig. 9 et 10.

d'asplenioides, qu'il a remplacé ensuite, dans le même fascicule, par celui de cuneifolia : le premier de ces deux noms doit être laissé de côté, un auteur ayant évidemment le droit de changer un nom donné par lui, tant qu'il n'est pas publié. Mais ce droit cesse nécessairement après la publication, le nom ayant pris alors sa place dans la nomenclature et devant être laissé invariable; c'est pourquoi on doit rejeter le nom de pusilla, proposé trois ans plus tard par le même auteur.

Cette espèce est très-répandue dans tout le terrain houiller moyen ; je crois qu'elle se trouve aussi à la base du terrain houiller supérieur, mais je n'en ai pas vu d'échantillons assez nets pour l'affirmer positivement.

HOUILLER MOYEN.

BASSIN DU NORD ET DU PAS-DE-CALAIS. — Vicoigne : fosse n° 1, veine Saint-Louis. Denain : f. Villars, v. Édouard. Aniche : f. Fénelon, v. Marie. (Nord.) — Carvin : f. n° 2 et n° 3, v. n° 4 et n° 10. Dourges : f. n° 2, v. Sainte-Cécile. Lens : f. n° 1, v. Émilie, v. Céline, v. Omérine, v. Ernestine; f. n° 2, v. Arago; f. n° 4, v. Saint-Louis. Liévin : f. n° 3. Bully-Grenay : f. n° 3, v. Marie, v. Saint-Ignace, v. Madeleine; f. n° 5, v. Saint-Alexis. Nœux : f. n° 1, v. Saint-Augustin. Cauchy-à-la-Tour. Auchy-au-Bois : f. n° 1, v. Maréchale. (Pas-de-Calais.)

BASSIN DU BAS-BOULONNAIS. — Hardinghen : f. du Souich; f. Providence. (Pas-de-Calais.)

SPHENOPHYLLUM SAXIFRAGÆFOLIUM. STERNBERG (sp.).

(Atlas, pl. CLXI, fig. 3 à 6[1].)

Rotularia saxifragæfolia. Sternberg, Ess. Fl. monde prim., I, fasc. 4, p. xxxii, pl. LV, fig. 4.
Rotularia polyphylla. Sternberg, l. c., fasc. 4, p. xxxii, pl. L, fig. 4.
Rotularia dichotoma. Germar et Kaulfuss, Nov. act. Acad. natur. curios., t. XV, pars 2, p. 226, pl. LXVI, fig. 4.

Feuilles cunéiformes, réunies par verticilles au nombre de six à dix-huit, divisées en lobes plus ou moins profonds et terminés par des dents très-aiguës; leur mode de division est très-variable : la feuille est toujours partagée en deux au sommet par une échancrure qui descend souvent au delà du milieu; chacun de ces deux lobes peut être simplement divisé à son sommet en deux à quatre dents très-aiguës : plus généralement, il est lui-même divisé en

---

[1] La figure 4 a été à tort un peu grossie; les feuilles de cet échantillon n'ont que 10 millimètres de longueur.

deux lobes par une échancrure plus ou moins profonde, ces lobes étant eux-
mêmes tantôt bidentés, tantôt simples et très-aigus. La forme qui m'a paru
la plus fréquente est celle que j'ai représentée à la figure 5 de la planche
CLXI, où la feuille présente deux lobes bien distincts partagés chacun en
deux dents très-aiguës. J'ai observé enfin, mais rarement, des feuilles partagées seulement, par l'échancrure médiane, en deux longues dents pointues.
La longueur des feuilles varie de 5 à 12 millimètres en moyenne. De l'insertion part une nervure qui se divise aussitôt, ou à très-courte distance,
en deux branches qui se bifurquent elles-mêmes en nervules simples ou dichotomes, suivant le nombre des dents, une nervule aboutissant au sommet
de chaque dent.

Tiges de diamètre variable, larges de 1 à 7 millimètres; verticilles foliaires
espacés de 5 à 15 millimètres.

J'ai observé plusieurs épis fructifères de cette espèce sur l'échantillon dont
les figures 3 et 6 représentent deux fragments. Ces épis sont placés à l'extrémité des rameaux; ils ont 12 millimètres de largeur sur 10 centimètres de
longueur au moins; aucun d'eux n'est complet. Ils sont formés de verticilles
de bractées espacés de 2 millimètres à 2^{mm},5. Les bractées paraissent bifurquées dès la base en deux lobes simples, très-aigus; elles ont 10 millimètres
de longueur, et chaque lobe porte à 4 ou 5 millimètres au-dessus de l'insertion, sur sa face supérieure, un sporange ovoïde de 2 millimètres de longueur sur 1 millimètre de largeur, à surface finement ridée, attaché par un
de ses bouts et dressé contre la pointe du lobe. J'ai constaté les mêmes détails
d'organisation sur un épi très-bien conservé provenant des mines du Levant
du Flénu, près Mons, et qui figurait à l'Exposition universelle de 1878. Je
n'ai pas vu, sur ces épis, de sporanges placés à l'aisselle des bractées.

Plusieurs auteurs considèrent cette espèce comme une variété de la précédente, dont elle représenterait simplement la partie inférieure, les feuilles
plongées dans l'eau étant très-divisées, et les feuilles émergées, occupant le
sommet des rameaux, étant entières et seulement dentées au sommet. J'ai
souvent observé les deux types sur les mêmes plaques de schiste, mais ils
m'ont paru distincts, les feuilles les moins divisées du *Sphenophyllum saxifragæfolium* ayant toujours des dents bien plus aiguës que le *Sphenophyllum cuneifolium;* d'ailleurs les extrémités de rameaux, représentées fig. 3 et 6, ne
portent jusqu'au sommet que des feuilles divisées de *Sphenophyllum saxifra-*

gæfolium, et pas une feuille entière; enfin les épis fructifères paraissent différents. Aussi ai-je cru devoir maintenir ces deux espèces séparées.

Le *Sphenophyllum saxifragæfolium*, comme le *Sphenophyllum cuneifolium*, se
rencontre fréquemment dans le terrain houiller moyen; il se montre aussi
dans le terrain houiller supérieur, mais seulement, à ce qu'il m'a paru, dans
les couches les plus basses.

HOUILLER MOYEN.

BASSIN DU NORD ET DU PAS-DE-CALAIS. — *Vieux-Condé* : veine à filons. *Raismes* : f. Thiers,
v. n° 2. *Anzin* : f. Casimir-Périer, 3ᵉ v. du Nord. (Nord.) — *Dourges* : f. n° 2, v. n° 5,
v. Brillante. *Courrières* : f. n° 4, v. Augustine. *Bally-Grenay* : f. n° 3, v. n° 3, v. Saint-
Ignace. *Nœux* : 1ʳᵉ veine; f. n° 1 et n° 2, v. Saint-Augustin.

HOUILLER SUPÉRIEUR.

BASSIN DE LA LOIRE. — *Communay* (Isère). — *Montrond* (Rhône). — *Combe-Plaine.
Montbressieux. Comberigole.* (Loire.) [GRAND'EURY.]

  La Mure (Isère). [GRAND'EURY.]

  Carmaux (Tarn).

  Ronchamp (Haute-Saône). [GRAND'EURY.]

SPHENOPHYLLUM OBLONGIFOLIUM. GERMAR et KAULFUSS (sp.).

(Atlas, pl. CLXI, fig. 7 et 8.)

Rotularia oblongifolia. Germar et Kaulfuss, *Nov. act. Acad. natur. curios.*, t. XV, pars 2, p. 225,
  pl. LXV, fig. 3.

Feuilles obovées, réunies par verticilles au nombre de six en général, partagées par une échancrure en deux lobes munis de dents aiguës. Ces deux
lobes sont, le plus souvent, de largeurs inégales; ils sont d'ordinaire partagés
eux-mêmes en deux lobules égaux ou inégaux par une légère échancrure; le
nombre de leurs dents varie de deux à six; en général, il ne dépasse pas dix
pour l'ensemble des deux lobes de la feuille. Feuilles longues de 8 à 15 millimètres. De la base de la feuille partent deux nervures, d'abord contiguës,
qui se séparent presque immédiatement pour alimenter chacun des deux
lobes, et dont chacune se divise plusieurs fois par dichotomie, mais souvent
en branches inégales; les nervules issues de cette division aboutissent au

IV.   5 sommet des dents des lobes. Tiges de $1^{mm},5$ à 2 millimètres de diamètre; verticilles espacés de 5 à 15 millimètres.

Cette espèce est spéciale au terrain houiller supérieur, dans lequel elle se montre fréquente.

HOUILLER SUPÉRIEUR.

BASSIN DE LA LOIRE. — *Saint-Chamond. La Chazotte. Roche-la-Molière* : puits du Crêt. *Treuil* : 2° couche. *Montaud* : 8e couche. *La Béraudière* : puits Courbon. *La Malafolie.* (Loire.) [GRAND'EURY.]

Sainte-Foy-l'Argentière (Rhône). [GRAND'EURY.]

Brassac : couches supérieures. (Puy-de-Dôme.) [GRAND'EURY.]

La Mure. La Motte-d'Aveillans. (Isère.)

BASSIN D'ALAIS. — *Cessous. Portes.* (Gard.) [GRAND'EURY.]

BASSIN DE DECAZEVILLE. — *La Vaysse* (Aveyron). [GRAND'EURY.]

Terrasson. Cublac. (Dordogne.)

Ahun : puits Sainte-Marie. (Creuse.)

Decize (Nièvre). [GRAND'EURY.]

Commentry : grande couche, couche du Marais. *La Chapelle-sous-Dun.* (Allier.) [GRAND'EURY.]

BASSIN DE SAÔNE-ET-LOIRE. — *Blanzy* : grande couche inférieure et grande couche supérieure. [GRAND'EURY.]

BASSIN D'AUTUN. — *Sully* (Saône-et-Loire). [GRAND'EURY.]

Ronchamp (Haute-Saône).

SPHENOPHYLLUM THONI. MAHR.

(Atlas, pl. CLXI, fig. 9.)

Sphenophyllum Thonii. Mahr, *Zeitschr. der Deutsch. geolog. Gesellsch.*, t. XX, p. 433, pl. VIII.

Feuilles obovées ou ovales triangulaires, souvent un peu dissymétriques, arrondies au sommet et frangées sur les bords par des dents profondes, très-aiguës, de longueurs inégales. Ces feuilles sont verticillées par six; leur forme et leurs dimensions sont assez variables; les plus petites ont 15 à 20 millimètres de longueur sur 7 à 10 millimètres de largeur; les plus grandes atteignent 50 et jusqu'à 55 millimètres de long sur une largeur de 20 à 25 millimètres. Tantôt elles sont tout à fait ovales, seulement rétrécies en coin vers la base; tantôt elles sont arquées, dissymétriques, élargies et tronquées obliquement au sommet, mais toujours munies de longues dents aiguës sur les deux tiers au moins de leur contour; ces dents ont 3/4 de millimètre, quelquefois 1 millimètre de largeur, avec une longueur de 1 à 5 millimètres; leur nombre varie de trente à cinquante et peut-être plus; au sommet de chacune d'elles aboutit une nervule. De la base d'insertion de la feuille partent quatre nervures qui se divisent presque aussitôt par dichotomie et dont les branches se subdivisent à leur tour un grand nombre de fois. Les deux nervures latérales de la base sont toujours moins importantes et beaucoup moins divisées que les deux nervures centrales; elles n'alimentent d'ordinaire que les deux tiers ou les trois quarts inférieurs des bords latéraux, le reste de ces bords et le contour supérieur de la feuille recevant les nervules issues des deux nervures du milieu. Tiges de 3 à 6 millimètres de diamètre; verticilles espacés de 2 à 6 centimètres.

Cette espèce ne se rencontre que dans le terrain houiller supérieur, et, à ce qu'il semble, particulièrement dans sa portion la plus élevée, d'où elle se continue dans les couches permiennes les plus basses.

HOUILLER SUPÉRIEUR.

BASSIN DE LA LOIRE. — *Tardy. Chavassieux. Avaize. Montrambert.* (Loire.) [GRAND'EURY.] *Saint-Pierre-Lacour* (Mayenne).

PERMIEN.

Brive : carrière du Gourd-du-Diable (Corrèze).
Mines de *Bert* (Allier). [GRAND'EURY.]
Plan-de-la-Tour (Var). [GRAND'EURY.]

3. Fougères.

Plantes herbacées ou arborescentes, à tige rampante ou souterraine, ou dressée verticalement. Feuilles, dites *frondes,* enroulées en crosse sur leur face supérieure ou ventrale avant leur complet développement; sporanges réunis par groupes, appelés *sores,* de forme variable et fixés sur la face inférieure des frondes, dont les parties fertiles sont souvent notablement modifiées.

Les frondes, attachées sur la tige par un pétiole plus ou moins développé, possèdent un limbe généralement divisé très-profondément; quelquefois elles sont entières; parfois le limbe est simplement lobé, sans que les crénelures atteignent l'axe principal ou rachis primaire, constitué par le prolongement du pétiole; si la division atteint le rachis primaire, la fronde, qui semble dans ce cas formée de folioles simples, disposées de part et d'autre de l'axe principal comme les barbes d'une plume, est dite *simplement pinnée.* Ces folioles, au lieu d'être simples, peuvent être composées à leur tour : elles constituent alors des pennes primaires; si elles sont pinnées, la fronde est dite *bipinnée;* de même, la division devenant de plus en plus profonde, la fronde est *tripinnée* ou *quadripinnée,* suivant que les folioles simples, dites *pinnules,* qui constituent les derniers éléments de la fronde, sont attachées sur les rachis tertiaires ou quaternaires, au lieu d'être fixées directement sur le rachis primaire ou sur les rachis secondaires, comme dans les frondes pinnées ou bipinnées. Les ramifications du rachis sont généralement continues; dans quelques espèces, cependant, les pennes ou les pinnules sont articulées à leur base et peuvent alors se détacher naturellement du rachis qui les porte; cela arrive parmi les Fougères vivantes, chez quelques espèces des genres *Adiantum, Alsophila,* etc.; mais le cas est plus fréquent parmi les Fougères fossiles, notamment dans les genres *Nevropteris* et *Dictyopteris.*

Les Fougères arborescentes ont des troncs verticaux généralement simples, rarement bifurqués, qui atteignent souvent de grandes dimensions; les feuilles, réunies en bouquet au sommet, sont habituellement disposées en hélice autour du tronc, plus rarement en verticilles, quelquefois sur deux génératrices opposées du cylindre; elles laissent après leur disparition des cicatrices arrangées en quinconces, arrondies ou ovales, généralement allongées dans le sens vertical.

Sur ces cicatrices on retrouve la trace des faisceaux de fibres et de vaisseaux, ou faisceaux vasculaires, qui se rendaient du tronc dans les frondes, et dont l'arrangement peut servir de caractère distinctif. Sur les parties âgées du tronc, il se développe des racines adventives nombreuses, qui, le plus souvent, recouvrent les cicatrices d'une épaisse enveloppe feutrée sous laquelle celles-ci disparaissent complétement. Quelquefois, au lieu d'être extérieures, ces racines naissent et se développent sous l'écorce; c'est le cas surtout de certaines espèces fossiles.

La classification des Fougères vivantes est basée sur l'organisation des sporanges; ceux-ci, qui sont habituellement globuleux, ovoïdes ou pyriformes, sont le plus généralement constitués par une mince membrane cellulaire; mais une certaine zone de leur surface est alors composée de cellules plus grandes, dont la contraction, amenée par la dessiccation, entraîne la rupture de la membrane mince et produit ainsi la dissémination des spores. Cette zone de grandes cellules, désignée sous le nom d'*anneau élastique*, peut avoir la forme d'un anneau, complet ou incomplet, disposé dans le sens longitudinal, c'est-à-dire passant par le point d'attache du sporange, ou dans le sens transversal, ou bien encore obliquement. La zone élastique peut avoir aussi la forme d'une calotte terminale ou encore être placée latéralement. Enfin, les sporanges peuvent être coriaces et dépourvus d'anneau élastique.

Les principales familles vivantes sont : les *Polypodiacées*, qui ont un anneau longitudinal incomplet; les *Cyathéacées*, qui ont un anneau oblique complet; les *Gleichéniées*, qui ont un anneau transversal complet et dont les sporanges sont groupés seulement par trois à six dans chaque sore, tandis qu'ils sont réunis en beaucoup plus grand nombre dans les deux familles précédentes; les *Schizéacées*, où la zone élastique a la forme d'une calotte placée au sommet du sporange; les *Osmondacées*, où la zone élastique est réduite à un arc transversal extrêmement court; les *Marattiacées*, dont les sporanges coriaces sont dépourvus d'anneau, mais naissent toujours à la face inférieure des lobes de la fronde; enfin les *Ophioglossées*, dont les sporanges sont dépourvus d'anneau et naissent dans l'épaisseur de certaines portions de la fronde, ayant l'apparence d'épis ou de grappes.

Dans les Fougères fossiles, ce n'est qu'exceptionnellement que l'on rencontre des frondes fertiles, que l'on peut observer les sporanges et reconnaître comment ils sont constitués; il a fallu alors baser la classification sur un autre caractère qui, dans les Fougères vivantes, est regardé comme secondaire, sur le caractère de la nervation. Les nervures des Fougères se divisent généralement par dichotomie en rameaux qui se détachent les uns des autres sous des angles plus ou moins ouverts, et tantôt restent libres, tantôt s'anastomosent, c'est-à-dire se soudent les uns aux autres pour former un réseau plus ou moins compliqué. En joignant à ce caractère celui du mode de découpure des feuilles, on a divisé les Fougères fossiles en trois familles principales : les *Sphénoptéridées*, à pinnules généralement très-découpées, rétrécies à leur base, à nervure médiane se divisant au-dessous du sommet des pinnules, à nervures secondaires simples ou divisées se détachant sous des angles aigus;

les *Névroptéridées*, à pinnules entières, à nervure médiane ne se prolongeant pas jusqu'au sommet des pinnules, quelquefois n'existant pas, à nervures secondaires nombreuses, divisées plusieurs fois par dichotomie sous des angles très-aigus, se détachant sous des angles aigus aussi de la nervure médiane, si elle existe, et, si elle manque, naissant directement du rachis; les *Pécoptéridées*, à pinnules entières, ou rarement dentelées, à nervure médiane se prolongeant presque jusqu'au sommet des pinnules, à nervures secondaires se détachant de la nervure médiane sous des angles généralement ouverts, simples ou divisées par bifurcation.

A la suite de ces trois groupes, où les nervures sont libres, vient se placer le groupe des *Dictyoptéridées*, dans lequel les nervures s'anastomosent en réseau; les *Dictyoptéridées* houillères ne comprennent que deux genres, les *Dictyopteris* et les *Lonchopteris*, qui se rapprochent à tel point, par tous leurs autres caractères, respectivement des *Nevropteris* et des *Lonchopteris*, que je les placerai à la suite de chacun de ces genres, sans faire autrement mention des *Dictyoptéridées*.

Sphénoptéridées.

Genre SPHENOPTERIS. Brongniart.

Sphenopteris. Brongniart, *Classif. végét. foss.*, p. 33.

Fronde bi- ou tripinnée; pinnules contractées en pédicelle à leur base, plus ou moins profondément lobées; lobes aigus ou arrondis au sommet, se rétrécissant souvent en coin vers leur base; nervure médiane se divisant généralement au-dessous du sommet des pinnules; nervules simples ou divisées se détachant de la nervure médiane et les unes des autres sous des angles généralement aigus.

Ces Fougères étaient probablement toutes herbacées, c'est-à-dire que les frondes naissaient d'un rhizome et non d'un tronc arborescent,

On ne connaît encore la fructification que d'un très-petit nombre d'espèces de ce groupe. Dans quelques-unes, les sporanges sont groupés en étoile au nombre de quatre à six en moyenne; non contigus au centre du sore, ils se touchent par leurs bords, et leur sommet se trouve à l'extrémité opposée au centre ; j'ai observé cette disposition sur un *Sphenopteris* des mines de Lens ; les sporanges m'ont paru coriaces et dépourvus d'anneau élastique, en tout semblables, d'ailleurs, à ceux que M. Stur a indiqués comme caractéristiques du genre *Oligocarpia* Gœppert[1]. Ce mode de fructification indiquerait des Marattiacées. Dans d'autres, les sporanges semblent munis d'un anneau élastique : ainsi j'ai vu, parmi les empreintes des mines du Levant du Flénu, près Mons, qui ont figuré à l'Exposition de 1878, un échantillon de *Sphenopteris Essinghii* Andræ, dont chaque pinnule portait à sa face inférieure un seul groupe de cinq à six gros sporanges disposés en étoile et munis, sur chacun de leurs bords en contact avec les deux sporanges contigus, d'une bande élastique très-nette, qu'on ne voyait pas se continuer sur le bord opposé au centre du sore ; peut-être l'anneau était-il complet, mais disposé obliquement.

On voit, en tout cas, que le genre *Sphenopteris* comprend des espèces qui, par leur mode de fructification, paraissent appartenir à des types très-différents, et, lorsque la connaissance en sera plus complète, on sera sans doute amené à le démembrer.

SPHENOPTERIS OBTUSILOBA. Brongniart.

(Atlas, pl. CLXII, fig. 1 et 2.)

Sphenopteris obtusiloba. Brongniart, *Hist. végét. foss.*, I, p. 204, pl. LIII, fig. 2, *non* Andræ.
Sphenopteris irregularis. Sternberg, *Ess. Fl. monde prim.*, II, fasc. 5 et 6, p. 63, pl. XVII, fig. 4.
   — Andræ, *Vorwelt. Pflanz. a. d. Steink. d. Preuss. Rheinl. und Westph.*, p. 24; pl. VIII;
   pl. IX, fig. 1.
Sphenopteris latifolia. Lindley et Hutton, *Foss. Fl. of Gr. Britain*, II, pl. CLVI; III,
   pl. CLXXVIII; *non* Brongniart.

Fronde tripinnée, et même quadripinnée à la base; rachis primaire large de 5 à 6 millimètres et plus, strié longitudinalement ainsi que les rachis secondaires; pennes primaires alternes, se détachant à angle droit du rachis principal, divisées vers la base et dans la partie moyenne de la fronde en pennes secondaires garnies de pinnules plus ou moins profondément lobées, et ne portant plus vers le sommet que des pinnules, également lobées. Pin-

[1] Stur, *Culm-Flora*, Heft II, p. 203, fig. 31; p. 204, fig. 32.

nules alternes, bien séparées les unes des autres, d'autant plus divisées qu'elles sont plus voisines de la base de la penne; la plus basse naissant du côté inférieur, un peu au-dessus de l'insertion de la penne sur le rachis secondaire ou primaire. Pinnules larges de 5 à 8 millimètres, longues de 8 à 10 millimètres en moyenne, diminuant peu à peu de dimensions vers l'extrémité des pennes, contractées à la base en un pédicelle étroit, divisées en trois à cinq lobes arrondis, séparés par des sinus aigus plus ou moins profonds. Nervure médiane s'incurvant à la base pour se réunir au rachis, se divisant au-dessous du sommet en branches dichotomes; nervures secondaires divisées par dichotomie, se ramifiant sous des angles très-aigus. La nervation est souvent peu visible, le parenchyme de la feuille étant assez épais.

Je me suis assuré par l'examen des types de Brongniart, qui se trouvent au Muséum, que l'espèce que je figure est bien le *Sphenopteris obtusiloba;* comme, d'autre part, elle se rapporte aussi exactement au *Sphenopteris irregularis* figuré par Andræ, il faut réunir ces deux espèces, ainsi que M. Stur l'a indiqué[1]; il ne me semble pas, d'ailleurs, que le *Sphenopteris irregularis* Andræ soit différent du *Sphenopteris irregularis* Sternberg, les figures données par les deux auteurs étant très-concordantes.

Le *Sphenopteris obtusiloba* paraît propre au terrain houiller moyen; peut-être se montre-t-il encore, ainsi que l'indique M. Grand'Eury, à la base du terrain houiller supérieur, mais je n'en ai pas vu d'échantillons certains de ce niveau.

HOUILLER MOYEN.

Bassin du Nord et du Pas-de-Calais. — *Vicoigne :* veine Saint-Louis. *Raismes :* fosse Thiers, v. Printanière. (Nord.) — *Meurchin :* f. n° 1, v. n° 2. *Dourges :* v. n° 5, v. l'Éclaireuse. *Courrières :* f. n° 1, v. Saint-Jean; f. n° 4, v. Augustine. *Lens :* f. n° 1, v. Marie, v. Céline; f. n° 2, v. Arago, v. Amé. *Liévin. Bully-Grenay :* f. n° 3, v. n° 3, v. Marie; f. n° 5, v. Saint-Alexis, v. Saint-Joseph. *Nœux :* f. n° 1, v. Saint-Augustin. (Pas-de-Calais.)
Bassin de la Vendée. — *Faymoreau* (Vendée). [Grand'Eury.]

[1] Stur, *Verhandl. der k. k. geol. Reichsanst.,* 1876, p. 286. *Culm-Flora,* Heft II, p. 122.

SPHENOPTERIS HŒNINGHAUSI. Brongniart.

(Atlas, pl. CLXII, fig. 4 et 5.)

Sphenopteris Hœninghausi. Brongniart, *Hist. végét. foss.*, I, p. 199, pl. LII.
Sphenopteris asplenioides. Sternberg, *Ess. Fl. monde prim.*, I, fasc. 4, p. xvi; II, fasc. 5 et 6, p. 62.

Fronde probablement quadripinnée; rachis assez gros, couvert d'écailles; pennes secondaires alternes, parfois presque opposées, partant du rachis sous un angle de 50 à 70°, assez rapprochées, de manière que leurs divisions empiètent souvent de l'une sur l'autre; pennes tertiaires alternes, variant peu de longueur et ne se raccourcissant qu'assez près du sommet; les plus inférieures quelquefois bipinnées elles-mêmes vers la base. Pinnules très-petites, de 1 à 2 millimètres de largeur sur 2 à 3 millimètres de longueur, au nombre de dix à vingt sur une même penne, contractées en pédicelle à la base, divisées en trois à cinq lobes convexes, cunéiformes, arrondis au sommet, à bord légèrement crénelé. Nervure médiane se ramifiant en un petit nombre de nervures secondaires, simples ou divisées, aboutissant aux crénelures des lobes.

Le *Sphenopteris asplenioides* Sternberg serait, d'après son auteur même, identique au *Sphenopteris Hœninghausi* Brongniart; mais, bien que le nom d'*asplenioides* soit le plus ancien, il m'a paru qu'il ne pouvait avoir droit de priorité, la diagnose donnée par Sternberg en 1826 étant complétement insuffisante, à ce point que Brongniart, la reproduisant dans son *Histoire des végétaux fossiles*, suppose que l'espèce doit être bien distincte de toutes celles qu'il a décrites. On ne peut donc admettre que Sternberg ait réellement créé cette espèce, et Brongniart en reste le véritable auteur.

Le *Sphenopteris Hœninghausi* est propre au terrain houiller moyen; je ne le connais dans le Nord, avec certitude, que dans les couches qui paraissent les plus basses. Il existerait de même, d'après M. Grand'Eury, dans les couches à anthracite de la Basse-Loire, qui se rapportent plutôt au terrain houiller inférieur.

HOUILLER MOYEN.

Bassin du Nord. — *Vieux-Condé*: fosse Léonard, veine Neuf-Paumes. *Vicoigne*: f. n° 2, v. Sainte-Victoire. (Nord.)

Bassin de la Vendée. — *Faymoreau* (Vendée). [Grand'Eury.]

SPHENOPTERIS CORALLOIDES. Gutbier.

Sphenopteris coralloides. Gutbier, *Abdr. und Verstein. des Zwick. Schwarzkohl.*, p. 40, pl. V, fig. 8.

Fronde bipinnée; rachis droit, lisse, de 4 à 5 millimètres de largeur; pennes primaires étalées à angle droit sur le rachis principal, alternes, distantes, d'un même côté de la fronde, de 14 à 15 millimètres. Pinnules naissant à angle droit sur les rachis secondaires, quelquefois même à la base des pennes, légèrement réfléchies en arrière, alternes, très-rapprochées, empiétant souvent les unes sur les autres, larges de $1^{mm},5$ à 2 millimètres, longues de 5 à 8 millimètres, toutes égales, ne diminuant de longueur qu'à l'extrémité des pennes, divisées en sept à dix lobes profonds, contractés en coin à leur base, arrondis au sommet et plus ou moins profondément crénelés, quelquefois même palmatifides. Nervure médiane perpendiculaire au rachis, émettant de part et d'autre des rameaux qui se détachent sous un angle assez aigu et se ramifient dans les crénelures ou les palmures des lobes.

Je ne connais cette espèce que dans le terrain houiller moyen, où elle paraît concentrée plus particulièrement dans la région supérieure.

HOUILLER MOYEN.

BASSIN DU PAS-DE-CALAIS. — *Dourges :* veine Saint-Georges. *Bully-Grenay :* f. n° 4, v. du Nord; f. n° 3, v. Marie; f. n° 2, v. n° 7.

SPHENOPTERIS DELICATULA. Sternberg.

Sphenopteris delicatula. Sternberg, *Ess. Fl. monde prim.*, I, fasc. 2, pl. XXVI, fig. 5; fasc. 4, p. XVI; II, fasc. 5 et 6, p. 60.
Sphenopteris meifolia. Sternberg, *l. c.*, II, fasc. 5 et 6, p. 56, pl. XX, fig. 5.

Fronde quadripinnée; rachis primaire large de 3 à 5 millimètres, marqué, ainsi que les rachis secondaires, de stries longitudinales très-fines; pennes primaires alternes ou presque opposées, se détachant du rachis primaire sous des angles de 50 à 60°, espacées de 3 à 6 centimètres; pennes secondaires alternes, très-étalées, longues de 20 à 30 millimètres, distantes, d'un même côté du rachis, de 10 à 15 millimètres, la plus basse naissant du côté inférieur, presque à l'insertion du rachis secondaire sur le rachis primaire ; pennes tertiaires alternes, assez étalées, longues de 4 à 8 millimètres, distantes, d'un même côté du rachis, de 2 à 4 millimètres. Pinnules alternes, longues de 1^{mm},5 à 2 millimètres, espacées de 1 millimètre à 1^{mm},5 d'un même côté de la penne, au nombre de cinq à neuf sur une même penne, se détachant du rachis sous un angle de 35 à 50°, décurrentes, contractées en pédicelle à la base, pinnatifides, profondément découpées en trois à cinq lobes linéaires extrêmement étroits, obliques sur la nervure médiane, simples ou bifurqués, obtus au sommet et séparés par des sinus aigus. Les nervures suivent la division des pinnules en lobes, une nervule aboutissant au sommet de chaque lobe ou lobule. Le limbe, qui paraît avoir été d'une consistance très-délicate, est en réalité réduit à une bande excessivement étroite qui borde les nervures et qui se prolonge le long du rachis des pennes tertiaires, lequel est ainsi bordé d'une bande membraneuse très-mince, faisant suite à celle qui constitue le limbe des pinnules. Parfois cette bande membraneuse semble avoir presque disparu, par suite sans doute de la macération, et les pinnules sont, pour ainsi dire, réduites à leurs nervures.

Cette espèce m'a paru se rencontrer assez fréquemment dans le terrain houiller moyen. Je n'en connais d'échantillon un peu complet que d'une seule localité, mais j'ai vu plusieurs fois, sur les schistes du bassin du Nord, des fragments de pennes qui m'ont paru s'y rapporter, trop petits cependant et trop mal conservés pour pouvoir être déterminés avec une certitude absolue.

HOUILLER MOYEN.

Bassin du Pas-de-Calais. — *Bully-Grenay :* fosse n° 5, veine Sainte-Barbe. (Pas-de-Calais.)

SPHENOPTERIS TRIDACTYLITES. Brongniart.

Sphenopteris tridactylites. Brongniart, *Hist. végét. foss.*, I, p. 181, pl. L.

Fronde tripinnée ; rachis lisse ; pennes alternes, se détachant du rachis sous un angle de 60 à 70° ; pinnules rapprochées, mais bien séparées les unes des autres, d'autant plus longues et d'autant plus divisées qu'elles appartiennent à des divisions plus inférieures de la fronde, mais variant peu de longueur sur une même penne ; de 4 à 6 millimètres de longueur sur

3 à 4 millimètres de largeur; contractées à la base en un pédicelle étroit, divisées en cinq à sept lobes cunéiformes, séparés par des sinus arrondis assez profonds; lobes subdivisés à leur tour en deux ou trois lobules arrondis au sommet. Nervure médiane nette, s'incurvant à la base pour s'unir au rachis; nervures secondaires se détachant sous des angles aigus et se ramifiant pour envoyer une nervule dans chaque lobule.

Le *Sphenopteris tridactylites* paraît spécial au terrain houiller inférieur ou à la base du terrain houiller moyen. M. l'abbé Boulay l'indique, il est vrai, dans le bassin du Nord, et dans ses couches les plus élevées[1]; mais les échantillons de cette provenance que j'ai vus étiquetés sous ce nom appartenaient à l'espèce précédente, et non au *Sphenopteris tridactylites*, qui me paraît caractériser un niveau très-inférieur.

HOUILLER INFÉRIEUR.

Montrelais (Loire-Inférieure).
Montjean. (Maine-et-Loire).
La Baconnière (Mayenne).

Genre DIPLOTHMEMA. Stur.

Sphenopteris. Brongniart, *Classif. végét. foss.*, p. 33 (pars).
Diplothmema. Stur, *Culm-Flora*, Heft II, p. 127 (pars).

Fronde composée de pennes bipartites, bi-, tri- ou quadripinnatifides : le rachis primaire émet des rameaux nus, qui se bifurquent, sous un angle plus ou moins ouvert, en deux pennes à rachis droit, flexueux ou arqué; chacune de ces pennes primaires porte des pennes secondaires profondément découpées, pinnées ou bipinnées, ou bipinnatifides, dont les dernières divisions sont linéaires ou cunéiformes. Les nervures se ramifient sous des angles généralement aigus.

M. Stur considère l'axe duquel se détachent les rameaux qui portent les pennes comme une véritable tige, et ces rameaux comme les pétioles de frondes bipartites. D'après les échantillons que j'ai vus, et d'après les figures mêmes de diverses espèces données dans la *Culm-Flora*, il me semble difficile de

[1] N. Boulay, *Le terrain houiller du Nord de la France et ses végétaux fossiles*, p. 27 et 64.

régarder l'axe principal autrement que comme le rachis primaire d'une grande fronde, portant des pennes primaires bipartites[1].

Je crois qu'il convient de restreindre le sens de ce genre aux espèces à pennes très-profondément découpées, à divisions fines et étroites, appartenant, comme la plupart de celles qu'a figurées M. Stur, au groupe des *Sphenopteris elegans*, *dissecta* et *furcata* de Brongniart. La classification des Fougères fossiles devant rester longtemps encore fondée sur le mode de nervation et de découpure des pennes, il y aurait inconvénient à réunir à ce groupe des espèces telles que les *Pecopteris nervosa* et *muricata*, qui n'ont avec lui, à première vue, aucune affinité, et dont les pennes sont, du reste, quadripartites et non bipartites.

DIPLOTHMEMA FURCATUM. Brongniart (sp.).

(Atlas, pl. CLXII, fig. 3[2].)

Sphenopteris furcata. Brongniart, *Dict. sc. nat.*, t. LVII, p. 59. *Hist. végét. foss.*, I, p. 179, pl. XLIX, fig. 4 et 5.

Diplothmema furcatum. Stur, *Culm-Flora*, Heft II, p. 121 et 124.

Pennes primaires quadripinnatifides; rachis flexueux, bordés d'une aile membraneuse étroite; pennes secondaires plus ou moins étalées, assez écartées; pennes tertiaires bipinnatifides, divisées en segments alternes profondément découpés; les plus inférieures sont elles-mêmes partagées et comme bifurquées en deux pennes presque d'égale importance; les segments inférieurs d'une penne sont palmatifides, les autres pinnés ou pinnatifides, à divisions linéaires, inégales, séparées par des sinus aigus et terminées en pointe au sommet. Nervures nettes, se divisant en nervules qui se continuent jusqu'à l'extrémité des lobes. Le limbe se réduit, en fait, à une bande mem-

___

[1] Par cette ressemblance du rachis primaire avec une tige, par la bifurcation constante des rachis secondaires, qui figurent des pétioles, les *Diplothmema* et, en général, toutes les Fougères de ce groupe me paraissent avoir beaucoup plus d'analogie avec le genre vivant *Lygodium* qu'avec les *Rhipidopteris*, auxquels M. Stur les compare. Le corps qu'il a observé dans la bifurcation du *Diplothmema subgeniculatum*, et qu'il regarde comme une fructification, pourrait bien être un bourgeon semblable à ceux qu'on trouve fréquemment à cette place dans les *Lygodium*.

[2] C'est par erreur que cette espèce a été indiquée sur la légende de la planche CLXII sous son ancien nom de *Sphenopteris furcata*.

braneuse mince, large de o^{mm},5 à 1 millimètre, qui borde de chaque côté le rachis et ses subdivisions successives jusqu'aux dernières nervules.

Je n'ai pas vu de pennes complètes de cette espèce montrant la bifurcation du rachis primaire nu dans sa partie inférieure; mais M. Stur a constaté, sur de grands échantillons du musée de Bonn, qu'elle présentait bien ce caractère, qui la fait rentrer dans le genre *Diplothmema*.

Elle est propre au terrain houiller moyen.

HOUILLER MOYEN.

BASSIN DU NORD ET DU PAS-DE-CALAIS. — *Anzin* : fosse Renard, veine Président. *Aniche* : f. Saint-Louis, v. Marie. (Nord.) — *Auchy-au-Bois* : f. n° 2. (Pas-de-Calais.)

DIPLOTHMEMA DISSECTUM. BRONGNIART (sp.).

Sphenopteris dissecta. Brongniart, *Hist. végét. foss.*, I, p. 183, pl. XLIX, fig. 2 et 3.
Diplothmema dissectum. Stur, *Culm-Flora*, Heft II, p. 121 et 124.

Rachis primaire lisse, large de 10 à 15 millimètres, portant des rameaux alternes, espacés d'un même côté de 5 à 6 centimètres, larges de 5 à 7 millimètres, et présentant sur le milieu de leur face supérieure une bande longitudinale, large de 2 à 3 millimètres, striée transversalement. Ces rameaux, longs de 20 à 30 centimètres, sont nus et se partagent par dichotomie à leur extrémité en deux pennes quadripinnatifides symétriques, dont les axes se séparent d'abord en divergeant sous un angle très-obtus et s'infléchissent ensuite légèrement de manière à se rapprocher un peu. Pennes secondaires alternes, écartées, se détachant du rachis sous un angle de 50 à 70°; pennes tertiaires longues de 15 à 30 millimètres et plus, les plus basses bipinnatifides, les supérieures simplement pinnatifides, partagées en segments linéaires très-étroits, larges de o^{mm},5 à 1 millimètre, composés simplement d'une mince bande membraneuse qui borde les nervules et se continue le long du rachis. Nervules se divisant sous des angles très-aigus.

Cette espèce se rapproche du *Sphenopteris furcata*, mais elle en diffère par le degré de finesse plus grand de ses divisions, par ses derniers segments beaucoup plus étroits et plus aigus.

Elle est spéciale au terrain houiller inférieur.

HOUILLER INFÉRIEUR.

Mouzeil. Montrelais. La Tardivière. (Loire-Inférieure.)
Saint-Lambert. Saint-Georges-Châtelaison. (Maine-et-Loire.)

Névroptéridées.

Genre CARDIOPTERIS. Schimper.

Cardiopteris. Schimper, *Traité de paléont. végét.*, I, p. 451.
Cyclopteris. Auct. (pars).

Fronde simplement pinnée. Pinnules opposées, rapprochées, se recouvrant l'une l'autre, ovales ou arrondies, en cœur à la base, dépourvues de nervure médiane. Nervures partant toutes du rachis en rayonnant, se divisant plusieurs fois par dichotomie.

CARDIOPTERIS POLYMORPHA. Gœppert (sp.).

Cyclopteris polymorpha. Gœppert, *Nov. act. Acad. natur. curios.*, t. XXVII, p. 502, pl. XXXVIII, fig. 5 *a* et *b*.
Cardiopteris polymorpha. Schimper, *Traité de paléont. végét.*, I, p. 452.

Rachis marqué de cicatricules transversales; pinnules ovales-oblongues, contiguës ou se recouvrant en partie l'une l'autre, larges de 15 à 20 millimètres, longues de 20 à 30 et 40 millimètres, quelquefois munies à leur base d'un ou de deux lobes distincts, beaucoup plus petits que la pinnule principale. Nervures fines, extrêmement serrées.

Cette espèce est spéciale au terrain houiller inférieur, et plus particulièrement à l'étage du culm.

HOUILLER INFÉRIEUR.

Niederburbach, près Thann. (Alsace.)
Valsonne (Rhône). [Ebray.]

CARDIOPTERIS FRONDOSA. Gœppert (sp.).

Cyclopteris frondosa. Gœppert, *Neues Jahrb. für Mineralogie*, 1847, p. 683. *Nov. act. Acad. natur. curios.*, t. XXII, Suppl., p. 163, pl. XIV, fig. 1 et 2.

Cyclopteris Kœchlini. Schimper, *Terr. de transit. des Vosges*, p. 340, pl. XXVIII.

Cardiopteris frondosa. Schimper, *Traité de paléont. végét.*, I, p. 453, pl. XXXV.

Rachis marqué de cicatricules transversales; pinnules orbiculaires, en cœur à la base, très-rapprochées, empiétant considérablement l'une sur l'autre, insérées sur le rachis par une base large de 10 millimètres environ, longues elles-mêmes de 6 à 8 et 10 centimètres, larges de 4 à 8 centimètres, à surface généralement convexe. Nervures très-nombreuses, extrêmement serrées.

Cette espèce est, comme la précédente, propre à l'étage du culm.

HOUILLER INFÉRIEUR.

Niederburbach, près Thann. (Alsace.)

Valsonne (Rhône). [Ebray.]

Genre NEVROPTERIS. Brongniart.

Nevropteris. Brongniart, *Classif. végét. foss.*, p. 33.

Fronde bi- ou tripinnée; pinnules contractées et souvent en cœur à la base, attachées seulement par un point, entières, généralement arrondies au sommet, plus rarement aiguës. Nervure médiane nette, se subdivisant généralement avant d'atteindre le sommet; nervures secondaires nombreuses, se détachant sous des angles aigus de la nervure principale, arquées, se divisant plusieurs fois par dichotomie, atteignant le bord du limbe en faisant avec lui un angle assez ouvert et souvent presque droit.

Ces Fougères avaient, pour la plupart, des frondes de très-grandes dimensions, portées par de très-forts pétioles; mais ceux-ci naissaient directement du sol sans être portés sur des troncs arborescents.

On ne connaît pas d'une façon positive leur mode de fructification, mais les caractères anatomiques de leurs pétioles correspondent à ceux des Marattiacées.

NEVROPTERIS HETEROPHYLLA. Brongniart.

(Atlas, pl. CLXIV, fig. 1 et 2.)

Filicites (Nevropteris) heterophyllus. Brongniart, *Classif. végét. foss.*, p. 89, pl. II, fig. 6.
Nevropteris heterophylla. Brongniart, *Dict. sc. nat.*, t. LVII, p. 62. *Hist. végét. foss.*, I, p. 243,
pl. LXXI; pl. LXXII, fig. 2.

Fronde à divisions très-nombreuses, tri- et quadripinnée; rachis épais, strié longitudinalement, se ramifiant sous des angles de 45 à 50°. Sur une même penne, les divisions inférieures sont bipinnées à leur base et simplement pinnées à leur sommet, les divisions supérieures simplement pinnées, et le sommet même de la penne ne porte que des pinnules entières; entre les divisions inférieures bipinnées, le rachis porte souvent des pennes beaucoup plus courtes, simplement pinnées. Pennes alternes, assez rapprochées, empiétant un peu les unes sur les autres, à contour général oblong-lancéolé. Pinnules alternes, très-rapprochées, se recouvrant légèrement l'une l'autre, de dimensions variables, longues de 8 à 16 et 18 millimètres, larges de 3 à 8 et 9 millimètres, d'autant plus petites qu'elles appartiennent à des portions de penne plus divisées, décroissant peu à peu vers le sommet d'une même penne, mais la pinnule terminale toujours plus grande que les autres; pinnules des parties bipinnées d'une penne ovales-oblongues; celles des parties simplement pinnées se rétrécissant à leur sommet; toutes très-entières. Nervure moyenne se prolongeant presque jusqu'au sommet des pinnules; nervules assez nombreuses, mais bien distinctes, arquées, se divisant deux et trois fois de suite par dichotomie.

Cette espèce est très-abondante dans le terrain houiller moyen; elle m'a paru manquer dans le terrain houiller supérieur.

HOUILLER MOYEN.

Bassin du Nord et du Pas-de-Calais. — *Vicoigne* : fosse n° 1, grande veine, v. Saint-Louis. *Vieux-Condé* : f. Léonard, v. Neuf-Paumes. *Fresnes* : f. Bonnepart, v. Neuf-Paumes, v. à l'Écaille, v. à filons. *Raismes* : f. Thiers; f. Bléuse-Borne, petite veine. *Anzin* : f. Casimir-Périer, 1ʳᵉ veine du Nord; f. Renard, v. Président. *Denain* : f. Villars, v. Édouard. *Aniche* : v. Ferdinand; f. Saint-René, petite veine. *L'Escarpelle* : f. n° 3, v. Ernest. (Nord.)

— *Ostricourt* : f. n° 2, v. n° 6, v. n° 8. *Carvin* : f. n° 3, v. n° 3 Sud. *Meurchin* : f. n° 1, v. n° 1, v. n° 2. *Dourges* : f. n° 2, v. n° 5. *Courrières* : f. n° 1; f. n° 2, v. Louise. *Lens* : f. n° 1, v. Émilie, v. Céline, v. Marie, v. Ernestine; f. n° 2, v. Arago; f. n° 4, v. Amé. Liévin. *Bully-Grenay* : f. n° 3, v. Madeleine, v. Saint-Ignace; f. n° 2, v. n° 16. *Nœux* : f. n° 1, 1re veine, v. Saint-Constant, v. Saint-Augustin; f. n° 4, v. Saint-Thomas. *Ferfay* : f. n° 3, v. Justine, v. Joseph. (Pas-de-Calais.)

NEVROPTERIS GIGANTEA. Sternberg.

Osmunda gigantea. Sternberg, *Ess. Fl. monde prim.*, I, fasc. 2, p. 32 et 37, pl. XXII.
Neuropteris gigantea. Sternberg, *l. c.*, fasc. 4, p. xvi. — Brongniart, *Hist. végét. foss.*, I, p. 240, pl. LXIX.
Nevropteris Dournaisi. Brongniart, mss. *Collect. du Muséum d'hist. nat.*

Fronde tripinnée. Pennes primaires rapprochées, empiétant les unes sur les autres; rachis secondaires larges de 10 à 12 millimètres, bordés de chaque côté, entre les insertions des pennes, d'une file de pinnules orbiculaires, en cœur à la base, se recouvrant l'une l'autre par leurs bords. Pennes secondaires se détachant sous des angles de 50 à 60 ou 70°, à contour général ovale-lancéolé, garnies de pinnules très-serrées, contiguës ou se recouvrant même par leurs bords, croissant d'abord un peu en longueur depuis la base jusqu'au milieu de la penne, puis décroissant régulièrement jusqu'au bout, les pinnules terminales étant les plus petites; pinnules alternes, parfois opposées, de forme ovale, un peu rétrécies à la base, longues de 20 à 25 millimètres et larges de 7 à 9 millimètres dans la partie moyenne des pennes. Nervure médiane marquée sur les deux tiers seulement de la longueur de chaque pinnule; nervures secondaires très-fines, extrêmement serrées, arquées, naissant de la nervure principale et se subdivisant sous des angles très-aigus. Les pinnules arrondies fixées directement sur le rachis sont presque dépourvues de nervure médiane, les nervules rayonnant toutes du point d'attache.

Pinnules caduques, se trouvant souvent détachées, éparses dans les schistes.

Je ne doute pas que l'espèce que je viens de décrire, et à laquelle Brongniart avait donné le nom de *Nevropteris Dournaisi*, ne soit identique au *Nevropteris gigantea* Sternberg. Sur la figure de Sternberg, les pinnules ne se recouvrent pas par leurs bords, mais l'absence de contour sur le dessin indique que ces bords n'étaient pas conservés, et c'est à tort qu'ils ont été restitués sur la planche LXIX de Brongniart. D'autre part, le rachis n'est pas indiqué comme bordé de pinnules arrondies, mais ces pinnules ne sont pas toujours conservées, et il paraît que Sternberg en avait constaté l'existence, car j'ai vu dans les collections de M. le marquis de Vibraye, à Cheverny, un échantillon, présentant ces pinnules très-nettes, étiqueté *Nevropteris gigantea* par Sternberg lui-même. Enfin, la nervation, le caractère des pinnules terminales plus petites que toutes les autres ne me paraissent pas laisser de doute sur cette identification.

Cette espèce est répandue, sans être commune, dans le terrain houiller moyen et me paraît, comme la précédente, manquer dans le terrain houiller supérieur.

HOUILLER MOYEN.

Bassin du Pas-de-Calais. — *Courrières* : veine de la Reconnaissance. *Bully-Grenay* : f. n° 4, v. Saint-Paul. *Nœux* : f. n° 1 et f. n° 2, v. Saint-Augustin; f. n° 1, v. Saint-Constant. (Pas-de-Calais.)

NEVROPTERIS FLEXUOSA. Sternberg.

Osmunda gigantea, var. β. Sternberg, *Ess. Fl. monde prim.*, I, fasc. 3, p. 40 et 44, pl. XXXII, fig. 2.
Neuropteris flexuosa. Sternberg, *l. c.*, fasc. 4, p. xvi.

Fronde bi- ou tripinnée (?); pinnules alternes, rapprochées, se recouvrant par leurs bords, se détachant du rachis sous un angle de 60 à 80°, de forme oblongue, en cœur à la base, arrondies au sommet, longues de 20 à 25 millimètres, larges de 8 à 10 millimètres, décroissant légèrement vers l'extrémité des pennes; pinnule terminale plus grande que les précédentes, souvent en partie soudée avec celles qu'elle suit immédiatement. Nervure moyenne peu nette, marquée par un sillon qui se prolonge sur les deux tiers de la longueur de la pinnule; nervures secondaires se détachant et se divisant sous des angles aigus, nombreuses, mais moins serrées que dans l'espèce précédente.

Les pinnules de cette espèce étaient très-caduques et se trouvent fréquemment détachées, disséminées dans les schistes.

7.

Le *Nevropteris flexuosa,* assez abondant dans le terrain houiller moyen, paraît se montrer encore vers la base du terrain houiller supérieur.

HOUILLER MOYEN.

BASSIN DU NORD ET DU PAS-DE-CALAIS. — *Raismes :* fosse Thiers, veine n° 2, v. n° 6, v. Printanière. *Aniche :* v. Constance; f. Fénelon. (Nord.) — *Carvin :* f. n° 1, v. à sillons. *Bully-Grenay :* f. n° 3, v. Caroline. *Nœux :* 1re veine; f. n° 1, v. Saint-Augustin. (Pas-de-Calais.)

HOUILLER SUPÉRIEUR.

BASSIN DE LA LOIRE. — *Communay* (Isère). — *Rive-de-Gier. Montbressieux. Grand'Croix.* (Loire.) [GRAND'EURY.]

La Mure (Isère). [GRAND'EURY.]

NEVROPTERIS AURICULATA. BRONGNIART.

Nevropteris auriculata. Brongniart, *Hist. végét. foss.,* I, p. 236, pl. LXVI.

Fronde bipinnée; pennes alternes, rapprochées, se détachant du rachis sous un angle de 45 à 50°; rachis primaire garni, entre les pennes, de grandes pinnules arrondies, plus ou moins régulières, souvent auriculées. Pinnules rapprochées, larges de 15 à 20 millimètres, longues de 30 à 40 millimètres, en cœur et souvent un peu dissymétriques à leur base, élargies en deux oreillettes, dont l'inférieure souvent plus développée que la supérieure. Nervure médiane assez nette, ne se prolongeant pas jusqu'au sommet; nervures secondaires nombreuses, très-nettes, naissant de la nervure principale et se subdivisant par dichotomie sous des angles très-aigus.

Cette espèce est spéciale au terrain houiller supérieur.

HOUILLER SUPÉRIEUR.

BASSIN DE LA LOIRE. — *Montcel-Sorbiers :* 8e couche. *Cros. Roche-la-Molière :* puits Neyron; p. Desgranges. *La Porchère.* (Loire.) [GRAND'EURY.]

BASSIN D'ALAIS. — *Portes* (Gard). [GRAND'EURY.]

Carmaux (Tarn).

Ahun (Creuse).

Genre DICTYOPTERIS. Gutbier.

Dictyopteris. Gutbier, *Abdr. und Verst. des Zwick. Schwarzkohl.*, p. 62; *non* Brongniart[1], *nec* Presl.

Linopteris. Presl, in Sternberg, *Ess. Fl. monde prim.*, II, fasc. 7 et 8, p. 167.

Fronde bipinnée; pinnules contractées et généralement en cœur à la base, attachées seulement par un point, entières, arrondies au sommet. Nervure médiane plus ou moins nette; nervures secondaires nombreuses, se détachant de la nervure médiane et se subdivisant sous des angles aigus, s'anastomosant entre elles, de manière à former un réseau compliqué d'aréoles allongées, polygonales, plus grandes au voisinage de la nervure médiane, plus petites sur les bords de la pinnule.

Ce n'est que ce dernier caractère qui différencie ce genre du genre *Nevropteris*, auquel il ressemble singulièrement pour tout le reste.

On n'en connaît pas encore le mode de fructification.

DICTYOPTERIS BRONGNIARTI. Gutbier.

Dictyopteris Brongniarti. Gutbier, *Abdr. und Verst. des Zwick. Schwarzkohl.*, p. 63, pl. XI, fig. 7, 9 et 10.

Linopteris Gutbieriana. Presl, in Sternberg, *Ess. Fl. monde prim.*, II, fasc. 7 et 8, p. 167.

Fronde bipinnée; rachis primaire large de 10 à 12 millimètres, strié longitudinalement, hérissé de petites pointes spinescentes; pennes primaires alternes, se détachant du rachis principal sous des angles de 50 à 70°, distantes de 8 à 10 centimètres d'un même côté de la fronde, garnies de pinnules serrées, contiguës, un peu plus courtes à la base qu'au milieu de la penne, les pinnules inférieures un peu réfléchies en arrière, les autres étalées à angle droit sur le rachis, parfois légèrement courbées en faux vers le haut. Pinnules de dimensions très-variables, larges de 12 à 20 milli-

[1] Brongniart, à la page 376 de l'*Histoire des végétaux fossiles*, a désigné par le nom de *Dictyopteris* une section de son genre *Phlebopteris*; mais cette page, comprise dans la onzième livraison, n'a paru qu'en 1836, et le nom est, par conséquent, postérieur à celui de Gutbier, qui date de 1835.

mètres, longues de 15 à 50 millimètres, contractées en cœur à la base, à bords parallèles, un peu rétrécies vers le haut, arrondies au sommet. Le rachis primaire est bordé de chaque côté, entre les insertions des pennes, d'une rangée de pinnules, faisant suite à celle de la penne supérieure, réfléchies vers le bas, décroissant de longueur en descendant vers l'insertion de la penne inférieure, les plus basses étant complétement orbiculaires. Nervure médiane peu accentuée, distincte seulement sur la moitié inférieure de la pinnule; nervures secondaires se détachant de la nervure médiane sous un angle très-aigu, à peine arquées, s'anastomosant les unes avec les autres de manière à former des files de nombreuses aréoles allongées, pointues à leurs extrémités.

Les pinnules de cette espèce étaient très-caduques; on les trouve le plus habituellement éparses en grand nombre dans les feuillets de schiste, très-rarement au contraire adhérentes aux rachis.

Je me suis assuré par l'examen d'échantillons provenant de Zwickau, qui se trouvent au Muséum d'histoire naturelle, de l'identité de l'espèce qu'on trouve à Saint-Étienne avec celle sur laquelle Gutbier a fondé son *Dictyopteris Brongniarti*.

Cette espèce est spéciale au terrain houiller supérieur, où on la rencontre fréquemment.

HOUILLER SUPÉRIEUR.

BASSIN DE LA LOIRE. — *Saint-Chamond* : puits du Château. *Reveax* : 9ᵉ couche. *Avaize*. *Saint-Étienne* : p. Jabin; p. du Gagne-Petit; p Saint-Louis. *Montrambert. La Béraudière. La Ricamarie.* (Loire.) [GRAND'EURY.]

Brassac. Saint-Éloy. (Puy-de-Dôme.) [GRAND'EURY.]

La Mure (Isère). [GRAND'EURY.]

Graissessac (Hérault). [GRAND'EURY.]

Carmaux (Tarn). [GRAND'EURY.]

BASSIN DE DECAZEVILLE. — *Bourran. Paleyrets.* (Aveyron.)

Cublac (Dordogne).

Decize (Nièvre).

La Chapelle-sous-Dun. Buxière-la-Grue. (Allier.) [GRAND'EURY.]

DICTYOPTERIS SUB-BRONGNIARTI. Grand'Eury.

(Atlas, pl. CLXV, fig. 1 et 2.)

Dictyopteris Brongniarti. N. Boulay, *Le terrain houiller du Nord de la France et ses végét. foss.*, p. 35, pl. IV, fig. 2 ; *non* Gutbier.
Dictyopteris sub-Brongniarti. Grand'Eury, *Flore carbonifère du départ. de la Loire*, p. 379.

Fronde bipinnée ; rachis primaire large de 5 à 7 millimètres ; pennes primaires alternes, se détachant du rachis principal sous des angles de 50 à 70°, distantes de 25 à 35 millimètres d'un même côté de la fronde, empiétant un peu les unes sur les autres, à contour général ovale-lancéolé, garnies de pinnules serrées, contiguës, se recouvrant même un peu par leurs bords, très-courtes à la base, augmentant de longueur jusqu'au milieu de la penne, puis décroissant vers l'extrémité jusqu'à la pinnule extrême qui paraît être plus petite que les précédentes, étalées à angle droit sur le rachis, parfois un peu réfléchies en arrière vers la base des pennes. Pinnules larges de 7 à 10 millimètres, longues de 6 à 20 millimètres, contractées en cœur à la base, à bords parallèles, arrondies au sommet. Rachis primaire bordé de chaque côté, entre les insertions des pennes, d'une rangée de petites pinnules à contour triangulaire ou orbiculaire, un peu réfléchies vers le bas. Nervure médiane distincte seulement sur les deux tiers inférieurs de la pinnule ; nervures secondaires s'en détachant sous des angles aigus, très-arquées, atteignant normalement le bord de la pinnule, s'anastomosant les unes avec les autres, de manière à former des files de nombreuses aréoles, qui deviennent de plus en plus petites en s'éloignant de la nervure principale.

Pinnules très-caduques, le plus souvent éparses, très-rarement adhérentes au rachis.

Je me suis assuré, en soumettant à M. Grand'Eury l'échantillon que je figure, que c'était bien cette espèce qu'il avait voulu désigner sous le nom de *Dictyopteris sub-Brongniarti*. Elle diffère nettement de la précédente par ses pinnules moins grandes, par la forme des pinnules qui bordent le rachis principal et qui sont toutes aussi larges que hautes, enfin par la disposition de ses nervures beaucoup plus arquées. Elle a avec le *Nevropteris gigantea* la plus grande ressemblance, et n'en peut être distinguée que par sa nervation.

Le *Dictyopteris sub-Brongniarti*, dont j'ai constaté également l'existence à Eschweiler, près Aix-la-Chapelle, et dans les mines du Levant du Flénu, près Mons, me paraît particulier au terrain houiller moyen, où il se rencontre abondamment, du moins vers la région supérieure.

HOUILLER MOYEN.

BASSIN DU NORD ET DU PAS-DE-CALAIS.— *Anzin* : fosse Turenne. (Nord.) [Abbé BOULAY.] — *Dourges* : veine Saint-Georges. *Courrières* : f. n° 1, v. Saint-François, v. Saint-Étienne; f. n° 2, v. Louise; f. n° 4, v. Sainte-Barbe, v. Sainte-Augustine. *Lens* : f. n° 1, v. Émilie, v. Ernestine, v. du Nord, v. Marie, v. Omérine; f. n° 2, v. Dumont, v. Gassion, v. Dufrénoy, v. du Souich, v. Lavoisier; f. n° 3, v. n° 6, v. n° 8, v. Gérard, v. Lenoir; f. n° 4, v. Louis, v. Théodore, v. Alfred, v. Amé, v. Édouard, v. Léonard. *Liévin. Bully-Grenay* : f. n° 2, v. n° 7, v. Saint-Jean-Baptiste; f. n° 3, v. n° 3, v. Marie, v. Caroline, v. Madeleine; f. n° 5, v. Saint-Joseph, v. Saint-Alexis, v. Sainte-Barbe; f. n° 6, v. Sainte-Sophie. *Bruay* : f. n° 1, v. Sainte-Aline, v. Palmyre. *Marles* ; f. n° 4, v. Désirée. *Cauchy-à-la-Tour* : veine irrégulière. (Pas-de-Calais.)

DICTYOPTERIS SCHÜTZEI. ROEMER.

Dictyopteris Schützei. Rœmer, *Palæontographica*, t. IX, p. 26, pl. XII, fig. 1.

Fronde bipinnée; rachis secondaires striés longitudinalement; pinnules étalées à angle droit sur le rachis, mais devenant peu à peu obliques vers l'extrémité des pennes, tout au plus contiguës les unes aux autres, souvent légèrement écartées, surtout vers le haut des pennes. Pinnules contractées en cœur à la base, portées sur un très-court pédicelle, à bords parallèles, un peu rétrécies vers le haut, arrondies au sommet, larges de 8 à 15 millimètres et longues de 3 à 6 centimètres, toutes égales dans la région moyenne des pennes, diminuant peu à peu de longueur à leur extrémité, la pinnule extrême assez étroite, mais plus longue que celles qu'elle suit immédiatement, en partie soudée à la plus voisine. Nervure médiane très-nette, se prolongeant presque jusqu'au sommet; nervures secondaires se détachant sous des angles aigus, très-arquées, prenant rapidement une direction presque normale au bord de la pinnule, formant d'abord, par leurs anastomoses, de chaque côté de la nervure médiane, une file de grandes aréoles beaucoup plus longues que celles qui suivent immédiatement; réseau à mailles très-nombreuses et très-fines.

Les pinnules de cette espèce, bien que caduques comme celles des deux précédentes, se rencontrent cependant plus fréquemment attachées au rachis.

J'ai observé, dans des schistes houillers de Decize, avec des fragments de pennes et de nombreuses pinnules détachées de cette espèce, de grandes pinnules fertiles, détachées également, présentant la même forme et la même taille, mais très-épaisses et sur lesquelles je n'ai pu apercevoir aucun indice de la nervation; néanmoins, leur association et leur identité de forme avec les pinnules du *Dictyopteris Schützei* ne permettent guère de douter qu'elles appartiennent réellement à cette espèce; elles paraissent présenter le mode de fructification des *Scolecopteris* et ont, en tout cas, la plus grande ressemblance, sauf leurs dimensions plus grandes, avec les pinnules fructifiées du *Pecopteris polymorpha*[1] : elles ont 20 à 30 millimètres de longueur et portent attachées à leur face inférieure, de part et d'autre de leur ligne médiane, deux rangées parallèles de grandes capsules de 5 à 6 millimètres de longueur, arquées et terminées en pointe aiguë, et qui semblent réunies par groupes; les pinnules sont souvent un peu courbées en faux, elles ont les bords fortement recourbés en dessous, enveloppant en partie les capsules, dont les pointes les dépassent souvent un peu. Je ne connais dans les mêmes couches aucune autre Fougère dont les pinnules atteignent ces dimensions, ce qui légitime encore l'attribution au *Dictyopteris Schützei* de ces remarquables fructifications.

Cette espèce est spéciale au terrain houiller supérieur et cantonnée plutôt dans les couches élevées de ce terrain; du moins elle paraît manquer à sa base et se continuer jusque dans la partie inférieure du terrain permien.

HOUILLER SUPÉRIEUR.

BASSIN DE LA LOIRE. — *Villars. Roche-la-Molière* : puits Desgranges. *Côte-Thiollière* : 3ᵉ couche. *Treuil. Quartier-Gaillard. Saint-Étienne* : puits Jabin. *La Malafolie.* (Loire.) [GRAND'EURY.]

BASSIN DE DECAZEVILLE. — *Bourran* (Aveyron).

Ahun (Creuse).

Decize (Nièvre).

Commentry : couche du Marais. *Montet-aux-Moines* (Allier). [GRAND'EURY.]

---

[1] Voir plus bas, p. 81 et 92.

BASSIN DE SAÔNE-ET-LOIRE. — *Saint-Bérain. Creusot.* (GRAND'EURY.]
Kergogne (Finistère). [GRAND'EURY.]

PERMIEN.

Mines de *Bert* (Allier). [GRAND'EURY.]
Schistes bitumineux de *Chambois* et de *Millery.* (Saône-et-Loire.) [GRAND'EURY.]

DICTYOPTERIS MÜNSTERI. EICHWALD (sp.).

Odontopteris Münsteri. Eichwald, *Urwelt Russlands,* 1" Heft, p. 87, pl. III, fig. 2.
Dictyopteris Münsteri. Brongniart, *Tabl. des genres de végét. foss.,* p. 19.

Fronde bipinnée; rachis secondaires striés longitudinalement; pinnules un peu obliques sur le rachis, se détachant sous des angles de 50 à 80°, assez rapprochées, mais non contiguës, contractées en cœur à la base, mais se soudant en partie au rachis par la moitié inférieure de leur base vers l'extrémité des pennes, longues de 16 à 20 millimètres, larges de 5 à 7 millimètres, arrondies et légèrement rétrécies au sommet, diminuant de longueur vers l'extrémité des pennes; la pinnule extrême plus longue, de forme rhomboïdale à angles et sommet arrondis. Nervure médiane flexueuse, se prolongeant presque jusqu'au sommet; nervures secondaires s'en détachant sous des angles aigus et formant d'abord de chaque côté de la nervure principale une série de grandes aréoles effilées, à extrémités aiguës, puis s'incurvant fortement pour atteindre normalement le bord du limbe; réseau à mailles lâches et peu nombreuses, ne comprenant, entre la nervure médiane et le bord de la pinnule, que trois ou quatre séries d'aréoles.

J'ai observé, sur une plaque de schiste des mines de Marles renfermant de beaux échantillons de *Dictyopteris Münsteri,* de grandes folioles, atteignant 4 à 5 centimètres de largeur et 7 à 8 centimètres de longueur, offrant la même nervation anastomosée et qui appartenaient selon toute vraisemblance à cette espèce; elles étaient sans doute fixées sur le rachis principal.

J'ai pu m'assurer de l'identité des empreintes de Marles avec l'*Odontopteris Münsteri* d'Eichwald, dont l'École des Mines possède d'excellents spécimens provenant des mines du Donetz. Peut-être faudrait-il rattacher à cette espèce le *Dictyopteris obliqua* de Bunbury, dont les figures indiquent au moins une très-grande analogie, mais ne m'ont pas paru suffire pour affirmer la réunion.

Je ne connais cette espèce que dans le terrain houiller moyen.

HOUILLER MOYEN.

Bassin du Pas-de-Calais. — *Marles :* fosse n° 3, v. Louise; f. n° 4, v. Cavaignaux. *Ferfay.*

Genre ODONTOPTERIS. Brongniart.

Odontopteris. Brongniart, *Classif. végét. foss.,* p. 34.

Frondes de grandes dimensions, tri- et quadripinnées, à division souvent irrégulière. Pinnules de forme normale fixées au rachis sur toute la largeur de leur base, entières, aiguës ou arrondies au sommet. Nervure médiane peu importante, n'émettant que peu de nervures secondaires, la plupart de celles-ci naissant directement du rachis, nervures dichotomes se divisant sous des angles très-aigus. La pinnule inférieure de chaque penne est insérée dans l'angle inférieur compris entre la penne et le rachis principal, et fixée à la fois sur celui-ci et sur le rachis secondaire; elle a généralement une forme particulière, bi- ou plurilobée.

Outre les pennes normales, le rachis porte souvent de grandes folioles de formes diverses, fixées directement sur lui; ces folioles sont le plus souvent orbiculaires, un peu échancrées en cœur à la base, parcourues par de nombreuses nervures dichotomes qui partent en rayonnant du point d'insertion (*Cyclopteris* Brongniart); quelquefois elles se divisent en plusieurs lobes, aigus ou arrondis.

Comme les *Nevropteris,* les Fougères de ce genre avaient des frondes extrêmement grandes, à ramifications nombreuses, portées par d'énormes pétioles, mais naissant directement du sol et non pas de troncs arborescents.

M. Grand'Eury a observé une foliole fertile d'*Odontopteris* portant à l'extrémité de chaque nervure une capsule coriace paraissant se fendre longitudinalement en deux valves; ce caractère indiquerait une Marattiacée, et les caractères anatomiques des pétioles confirment ce rapprochement.

ODONTOPTERIS BRARDI. Brongniart.

Filicites (Odontopteris) Brardii. Brongniart, *Classif. végét. foss.*, p. 34, pl. II, fig. 6.
Odontopteris Brardii. Brongniart, *Hist. végét. foss.*, I, p. 252, pl. LXXV et LXXVI.
Odontopteris crenulata. Brongniart, *Dict. sc. nat.*, t. LVII, p. 69. *Hist. végét. foss.*, I, p. 254,
   pl. LXXVIII, fig. 1 et 2.

Rachis strié longitudinalement par le passage des faisceaux vasculaires d'où se détachent les nervures des pinnules. Pennes normales bipinnées; pennes secondaires longues de 15 à 20 centimètres, se détachant du rachis primaire sous un angle de 5o à 6o°, assez rapprochées les unes des autres; pinnules à bords parallèles, faisant avec le rachis un angle de 6o à 7o°, tronquées presque parallèlement au rachis, aiguës au sommet, légèrement arquées en avant, larges de 7 à 1o millimètres à la base, longues de 1o à 15 millimètres, exactement contiguës, ne diminuant de longueur que vers le sommet des pennes, où elles se soudent peu à peu les unes aux autres; pinnule extrême aiguë, plus courte que les autres; pinnule inférieure rétrécie en coin à la base, divisée au sommet en deux ou plusieurs lobes aigus. Nervures dichotomes, décurrentes à la base sur le rachis, légèrement arquées et se divisant sous des angles très-aigus.

Sur certaines portions des rachis, on observe des pinnules beaucoup plus grandes, atteignant 1o à 15 millimètres de largeur sur 45 à 5o millimètres de longueur et parfois plus, à contour divisé en lobes plus ou moins profonds et à dents très-aiguës.

Cette espèce est spéciale au terrain houiller supérieur, dans lequel elle paraît même n'exister qu'à une certaine hauteur au-dessus de la base.

HOUILLER SUPÉRIEUR.

Bassin de la Loire. — *Lorette. Méons :* puits Mars. *Beaubrun :* 8ᵉ couche. *Treuil :* 9ᵉ couche. *Villars :* p. Beaunier. *Roche-la-Molière :* p. Neyron, c. du Péron. *La Porchère. Unieux :* p. Saint-Honoré. (Loire.) [Grand'Eury.]
   Lardin. Cublac. (Dordogne.)
Bassin de Saône-et-Loire. — *Saint-Bérain.* [Grand'Eury.]
Saint-Pierre-Lacour (Mayenne).

ODONTOPTERIS REICHIANA. Gutbier.

(Atlas, pl. CLXVI, fig. 1 et 2.)

Odontopteris Reichiana, Gutbier, *Abdr. und Verst. des Zwick. Schwarzkohl.*, p. 65, pl. IX, fig. 1, 2, 3, 5 et 7; pl. X, fig. 13.

Pennes normales bipinnées, à contour ovale-lancéolé, partant du rachis sous des angles de 45 à 60 ou 70°, rapprochées les unes des autres et se recouvrant en partie; pennes secondaires longues de 8 à 12 centimètres. Souvent une portion de fronde est tripinnée du côté inférieur et bipinnée du côté supérieur : du côté où elle est tripinnée, elle est, en outre, garnie, entre les grandes pennes bipinnées, de pennes très-courtes simplement pinnées, qui font suite, sur le rachis, aux divisions des grandes pennes. Pinnules plus étroites et relativement plus longues que dans l'espèce précédente, larges de 3 millimètres à $3^{mm},5$ à la base et longues de 8 à 9 millimètres, exactement contiguës, souvent légèrement soudées entre elles à la base et séparées par un sinus très-aigu, obtusément aiguës à leur sommet; pinnule extrême de chaque penne plus courte que les autres; pinnule inférieure rétrécie en coin à la base, divisée au sommet en plusieurs dents; les pinnules voisines, et notamment la pinnule la plus basse du côté supérieur de la penne, sont souvent un peu dentelées sur leurs bords. Nervures dichotomes, décurrentes à la base sur le rachis, droites et divisées sous des angles très-aigus. Nervure médiane généralement peu accentuée.

Cette espèce est particulière au terrain houiller supérieur, et s'y rencontre fréquemment.

HOUILLER SUPÉRIEUR.

Bassin de la Loire.— *Saint-Chamond :* puits du Château. *La Chazotte :* p. Voron, p. du Gabet. *Villars. Cros. Méons. Treuil :* 2e et 7e couches. *Roche-la-Molière. La Porchère :* 14e couche. *Montaud :* 8e couche. *Montrambert. La Béraudière. Unieux :* p. n° 2. (Loire.) [Grand'Eury.]

Langeac (Haute-Loire). [Grand'Eury.]

Brassac (Puy-de-Dôme). [Grand'Eury.]

La Mure (Isère).

Prades (Ardèche). [Grand'Eury.]

Bassin d'Alais. — *Bessèges. Molière. La Grand'Combe :* Champclauson. *Portes.* (Gard.) [Grand'Eury.]

Graissessac. Neffiez. (Hérault.) [GRAND'EURY.]

Carmaux (Tarn).

BASSIN DE DECAZEVILLE. — *La Vaysse. Paleyrets.* (Aveyron.)

Ahun (Creuse).

Commentry : couche du Marais; grande couche; couche des Pourrats. *Montet-aux-Moines.* (Allier.) [GRAND'EURY.]

BASSIN DE SAÔNE-ET-LOIRE. — *Blanzy :* grande couche inférieure et grande couche supérieure. [GRAND'EURY.]

Ronchamp (Haute-Saône). [GRAND'EURY.]

Saint-Pierre-Lacour (Mayenne). [GRAND'EURY.]

ODONTOPTERIS MINOR. BRONGNIART.

Odontopteris minor. Brongniart, *Hist. végét. foss.,* I, p. 253, pl. LXXVII.

Pennes normales bipinnées; pennes secondaires longues de 7 à 10 centimètres; pinnules étroites, larges seulement de $1^{mm},5$ à 2 millimètres à la base et longues de 7 à 9 millimètres, très-aiguës au sommet, plus obliques sur le rachis et plus séparées que dans l'espèce précédente. Pinnule inférieure rétrécie à la base, divisée en deux lobes, dont l'inférieur aigu. Nervure médiane généralement bien marquée; nervures secondaires droites; celles qui ne naissent pas de la nervure médiane, décurrentes à la base sur le rachis.

Cette espèce est également particulière au terrain houiller supérieur.

HOUILLER SUPÉRIEUR.

BASSIN DE LA LOIRE. — *Roche-la-Molière :* puits Palluat. *Montsalson :* couche des Littes. *Avaize. Montaud. Montrambert. La Ricamarie :* couches n° 1 et n° 2. *La Malafolie.* (Loire.) [GRAND'EURY.]

BASSIN DE DECAZEVILLE. — *Bourran. Paleyrets.* (Aveyron.)

Champagnac (Cantal). [GRAND'EURY.]

Lardin (Dordogne). [GRAND'EURY.]

Ahun (Creuse).

Decize (Nièvre). [GRAND'EURY.]

BASSIN DE SAÔNE-ET-LOIRE. — *Saint-Bérain. Blanzy.* [GRAND'EURY.] *Montchanin.* (Saône-et-Loire.)

Saint-Pierre-Lacour (Mayenne). [BRONGNIART.]

ODONTOPTERIS OSMUNDÆFORMIS. Schlotheim (sp.).

Filicites osmundæformis. Schlotheim, *Petrefactenkunde*, p. 412. *Fl. der Vorw.*, pl. III, fig. 5 et 6.

Neuropteris nummularia. Sternberg, *Ess. Fl. monde prim.*, I, fasc. 4, p. xvii.

Odontopteris Schlotheimii. Brongniart, *Dict. sc. nat.*, t. LVII, p. 69.

Pennes primaires bipinnées; pennes secondaires longues de 6 à 8 centimètres, assez étalées; pinnules larges de 6 à 7 millimètres à leur base, longues de 5 à 6 millimètres, à contour arrondi, légèrement décurrentes sur le rachis, contiguës et se soudant entre elles à la base, diminuant peu à peu de dimension vers l'extrémité des pennes, où elles se soudent de plus en plus; pinnule extrême très-petite. Pinnule basilaire à peine soudée au rachis primaire. Nervures arquées, naissant toutes du rachis sans nervure médiane, se divisant sous des angles très-aigus.

Cette espèce, sans être abondante, paraît répandue dans tout le terrain houiller supérieur.

HOUILLER SUPÉRIEUR.

Bassin de la Loire. — *Côte-Chaude. Tardy. Terre-Noire* : couche des Rochettes. *Cluzel. La Béraudière.* [Grand'Eury.] *Firminy.* (Loire.)

La Mure (Isère).

Buxière-la-Grue (Allier). [Grand'Eury.]

Bassin de Saône-et-Loire. — *Saint-Bérain.* [Grand'Eury.]

ODONTOPTERIS OBTUSILOBA. Naumann.

Odontopteris obtusiloba. Naumann, in Geinitz et Gutbier, *Verstein. des Zechsteingeb. und Rothlieg.*, Heft II, p. 14, pl. VIII, fig. 9, 10 et 11.

Rachis strié longitudinalement. Pennes bipinnées; pennes secondaires très-rapprochées, empiétant l'une sur l'autre, partant du rachis sous un angle de 45 à 50°, longues de 7 à 10 centimètres. Pinnules larges de 8 à 9 millimètres à leur base, longues de 12 à 15 millimètres, à bords parallèles, inclinés de 50 à 60° sur le rachis, complétement arrondies au sommet, légèrement décurrentes sur le rachis et se soudant entre elles à la base; pinnule extrême rhomboïdale à angles et à sommet arrondis, beaucoup plus grande que les autres; pinnule inférieure légèrement contractée à la base, arrondie au sommet, quelquefois divisée en deux lobes obtus peu distincts. Nervures très-nombreuses, arquées, naissant toutes du rachis sans nervure médiane, et se divisant sous des angles très-aigus.

Cette espèce paraît propre au terrain permien; mais elle se montrerait déjà, d'après M. Grand'Eury, dans les couches les plus élevées du terrain houiller supérieur, par exemple à la Malafolie, à Avaize, près Saint-Étienne.

PERMIEN.

Schistes bitumineux d'*Autun* (Saône-et-Loire).
Schistes ardoisiers de *Lodève* (Hérault).

Genre CALLIPTERIS. Brongniart.

Callipteris. Brongniart, *Tabl. des genres de végét. foss.*, p. 24.

Fronde bipinnée; pennes dressées; pinnules contiguës, obliques et un peu décurrentes sur le rachis, auquel elles sont fixées par toute la largeur de leur base, entières, arrondies au sommet. Rachis primaire garni, entre les insertions des pennes, de pinnules faisant suite à celles des pennes et qui diminuent peu à peu de longueur en descendant de la base d'une penne vers l'insertion de la penne inférieure. Nervure médiane nette, décurrente à la base sur le rachis; nervures secondaires très-obliques, dichotomes, se divisant sous des angles aigus, plusieurs d'entre elles naissant directement du rachis.

CALLIPTERIS GIGANTEA. Schlotheim (sp.).

(Atlas, pl. CLXVII, fig. 6 et 7.)

Filicites giganteus. Schlotheim, *Petrefactenkunde*, p. 404.
Neuropteris conferta. Sternberg, *Ess. Fl. monde prim.*, I, fasc. 4, p. xvii; II, fasc. 5 et 6, p. 75, pl. XXII, fig. 5.
Neuropteris decurrens. Sternberg, *l. c.*, I, fasc. 4, p. xvii; II, fasc. 5 et 6, p. 75, pl. XX, fig. 2.
Pecopteris gigantea. Brongniart, *Dict. sc. nat.*, t. LVII, p. 66. *Hist. végét. foss.*, I, p. 293, pl. XCII.
Callipteris gigantea. Brongniart, *Tabl. des genres de végét. foss.*, p. 24.

Fronde bipinnée; rachis primaire strié longitudinalement, large de 4 à

5 millimètres; pennes primaires se détachant sous des angles de 40 à 50°, longues de 10 à 15 centimètres en moyenne, rapprochées les unes des autres et se touchant par les extrémités de leurs pinnules; pinnules larges de 5 à 6 ou 7 millimètres, longues de 10 à 12 ou 13 millimètres, diminuant peu à peu de longueur au bout des pennes, la pinnule extrême plus petite que toutes les autres; les pinnules font avec le rachis un angle de 60 à 80°, elles sont décurrentes à la base, soudées les unes aux autres sur 3 à 4 millimètres de hauteur, séparées par des sinus très-aigus. Entre les insertions de deux pennes successives d'un même côté de la fronde, le rachis porte directement deux ou trois pinnules contiguës, successivement décroissantes en descendant. Nervure moyenne nette; nervures secondaires fines, souvent peu distinctes.

Cette espèce est propre au terrain permien.

PERMIEN.

Mines de *Bert* (Allier). [GRAND'EURY.]

Schistes bitumineux de *Chambois* et de *Millery,* près Autun (Saône-et-Loire). [GRAND'-EURY.]

Plan-de-la-Tour (Var). [GRAND'EURY.]

Val de *Villé* (Alsace).

Genre CALLIPTERIDIUM. WEISS.

Pecopteris. Brongniart, *Hist. végét. foss.*, I, p. 267 (pars).
Callipteridium. Weiss, *Zeitschr. der deutsch. geol. Gesellsch.*, t. XXII, p. 858.

Fronde bi- ou tripinnée; pinnules assez étalées, contiguës, fixées au rachis par toute la largeur de leur base, très-légèrement décurrentes, plus ou moins soudées entre elles à la base, entières, arrondies au sommet. Rachis portant, au-dessous de chaque penne simplement pinnée, une ou plusieurs pinnules fixées directement sur lui et faisant suite à celles de cette penne, mais ne descendant pas jusqu'à la base de la penne placée au-dessous. Nervure médiane nette, mais disparaissant avant d'atteindre le sommet de la pinnule; nervures secondaires obliques, dichotomes, se divisant sous des angles aigus; quelques-unes d'entre elles naissant directement du rachis.

CALLIPTERIDIUM OVATUM. Brongniart (sp.).

(Atlas, pl. CLXVI, fig. 3 et 4.)

Pecopteris ovata. Brongniart, *Dict. sc. nat.*, t. LVII, p. 66. *Hist. végét. foss.*, I, p. 328, pl. CVII, fig. 4.

Alethopteris ovata. Gœppert, *Syst. Filic. foss.*, p. 315.

Neuropteris ovata. Germar, *Verstein. des Steink. von Wettin und Löbejün*, p. 33, pl. XII.

An Filicites pteridius. Schlotheim, *Petrefactenkunde*, p. 406. *Fl. der Vorw.*, pl. XIV, fig. 27?.

Fronde tripinnée, paraissant se diviser, au moins quelquefois, par dichotomie à la partie supérieure; rachis épais, finement striés longitudinalement; rachis primaire souvent infléchi en zigzag, garni entre les pennes primaires bipinnées de pennes secondaires simplement pinnées et, au-dessous de celles-ci, de pinnules lobées ou entières. Pennes primaires alternes, assez étalées, à rachis principal large de 3 à 5 millimètres, bipinnées dans la plus grande partie de leur étendue, simplement pinnées au sommet, les pinnules des pennes secondaires diminuant peu à peu et ces pennes étant remplacées ensuite par de grandes pinnules simples, d'abord légèrement sinuées, puis tout à fait entières, comme dans le genre *Alethopteris*. Pennes secondaires alternes, se détachant sous des angles de 60 à 90°, suivant qu'elles sont placées du côté supérieur ou du côté inférieur d'une penne primaire, longues de 8 à 12 centimètres, distantes, d'un même côté du rachis, de 15 à 20 millimètres, contiguës, mais n'empiétant pas l'une sur l'autre. Pinnules alternes, se détachant sous des angles de 70 à 90°, souvent un peu arquées en avant, habituellement longues de 7 à 15 millimètres, larges de 3 à 6 millimètres à leur base, un peu rétrécies au sommet, mais arrondies, à surface supérieure convexe, soudées les unes aux autres à la base, ne diminuant de longueur que vers le bout des pennes; pinnule terminale ovale-allongée, plus longue que les précédentes. Les pinnules diminuent, d'ailleurs, de taille vers le sommet des pennes primaires; sur les dernières pennes secondaires bipinnées, elles n'ont plus que 3 à 4 millimètres de longueur; puis les grandes pinnules simples qui succèdent aux pennes bipinnées ont jusqu'à 20 millimètres. Pinnule inférieure de chaque penne naissant dans l'angle formé par les deux rachis et adhérente par sa base à l'un et à l'autre; au-dessous de celle-ci se trouve une autre pinnule de forme presque triangulaire, fixée directement sur le rachis principal. Au sommet des pennes primaires, les premières pinnules simples qui se substituent aux pennes garnies de pinnules sont munies à leur base, du côté inférieur, d'une oreillette oblique, soudée au rachis, qui tient la place de la pinnule placée au-dessous de chaque penne dans la portion bipinnée. Nervure médiane assez forte, marquée seulement sur les deux tiers de la longueur de la pinnule; nervures secondaires très-fines et nombreuses, se détachant assez obliquement de la nervure moyenne, se divisant par dichotomie sous des angles très-aigus, courant presque parallèlement les unes aux autres et atteignant obliquement le bord du limbe.

Le *Filicites pteridius* Schlotheim me paraît se rapporter plutôt à cette espèce qu'au *Pecopteris pteroides* Brongniart, la figure du *Beitrag zur Flora der Vorwelt* indiquant notamment des pinnules soudées à la base, tandis que dans le *Pecopteris pteroides* les pinnules sont indépendantes. Mais je n'oserais, sur le simple examen d'une figure, affirmer cette identité qui, si elle était établie, devrait entraîner, pour l'espèce que je viens de décrire, le retour au nom spécifique de Schlotheim.

Cette espèce est particulière au terrain houiller supérieur et s'y montre assez commune.

HOUILLER SUPÉRIEUR.

Bassin de la Loire. — *Treuil :* 2ᵉ et 5ᵉ couches. *Villars. Montaud :* 8ᵉ couche. *La Porchère. Montrambert. La Béraudière. La Malafolie.* (Loire.) [Grand'Eury.]

Sainte-Foy-l'Argentière (Rhône). [Grand'Eury.]

Langeac (Haute-Loire). [Grand'Eury.]

Brassac : zone supérieure. (Haute-Loire.) [Grand'Eury.]

Bassin d'Alais. — *La Grand'Combe :* Champclauson. *Portes.* (Gard.) [Grand'Eury.]

Neffiez (Hérault). [Grand'Eury.]

Carmaux (Tarn).

Champagnac (Cantal). [Grand'Eury.]

Argentat (Corrèze).

Ahun. Bosmoreau. (Creuse.)

Commentry : grande couche, couche du Marais. *Montet-aux-Moines.* (Allier.) [Grand'Eury.]

La Chapelle-sous-Dun (Saône-et-Loire). [Grand'Eury.]

Bassin de Saône-et-Loire. — *Blanzy. Saint-Bérain.* [Grand'Eury.]

Bassin d'Autun. — *Sully* (Saône-et-Loire). [Grand'Eury.]

Saint-Nazaire (Var). [Grand'Eury.]

Genre MARIOPTERIS. Zeiller.

Sphenopteris. Brongniart, *Hist. végét. foss.*, I, p. 169 (pars).
Pecopteris. Brongniart, *l. c.*, p. 267 (pars).
Heteropteris. Brongniart, mss. *Collect. du Muséum d'hist. nat.* ; — *non* Kunth.
Diplothmema. Stur, *Culm-Flora*, Heft II, p. 127 (pars).

Fronde composée de pennes quadripartites, à sections bipinnées: le rachis primaire émet des rameaux alternes, nus, qui se bifurquent sous un angle plus ou moins ouvert en deux courtes branches symétriques, dont chacune se bifurque à son tour en deux pennes bipinnées, la penne extérieure par rapport à la bifurcation principale étant plus petite que celle qui se trouve du côté intérieur. Pinnules plus ou moins rapprochées, tantôt soudées les unes aux autres, tantôt libres et contractées à la base, obliques et un peu décurrentes sur le rachis, entières ou divisées en lobes peu profonds. La pinnule inférieure de chaque penne secondaire est habituellement d'une forme un peu différente de celles qui suivent, lobée ou pinnatifide. Nervure médiane nette, se prolongeant presque jusqu'au sommet des pinnules, décurrente à la base sur le rachis; nervures secondaires très-obliques, généralement dichotomes, se divisant sous des angles aigus, naissant pour la plupart de la nervure médiane, mais quelques-unes, à la base, naissant directement du rachis.

Fructification inconnue.

Les Fougères que je réunis dans ce genre présentent ce caractère remarquable, que les rachis secondaires se bifurquent de telle manière que les pennes sont en quelque sorte palmées et comme formées de la réunion de quatre pennes ordinaires; elles se distinguent en outre des *Pecopteris* par leurs nervures dichotomes, naissant et se divisant sous des angles aigus, et par la décurrence des pinnules; elles se rapprochent sous ce rapport des *Callipteris,* dont elles diffèrent, outre la disposition des pennes, par l'absence de pinnules le long du rachis principal. Brongniart avait groupé ces formes, dans les collections du Muséum, sous le nom de *Heteropteris,* qu'il n'a pas publié et qui ne peut être conservé, ayant été employé, dès 1821, pour un genre de la famille des *Malpighiacées.* Outre les deux espèces ci-dessous décrites, ce genre comprend les *Sphenopteris latifolia* Brongniart et *Sphenopteris acuta*

Brongniart, et vraisemblablement le *Pecopteris Loshii*, que Brongniart avait placé aussi dans son genre *Heteropteris*. M. Stur range ces diverses espèces dans son genre *Diplothmema;* mais, comme je l'ai indiqué[1], je crois nécessaire de les en séparer, les Fougères à pennes quadripartites, à pinnules bien développées, souvent attachées au rachis par toute leur base et plus ou moins soudées entre elles, munies d'une nervure médiane nette et de nervures secondaires divisées, formant un groupe évidemment distinct des Fougères à pennes simplement bipartites, divisées en lobes linéaires étroits, parcourus par une nervure unique ou très-peu divisée.

MARIOPTERIS NERVOSA. Brongniart (sp.).

(Atlas, pl. CLXVII, fig. 1, 2, 3 et 4.)

Pecopteris nervosa. Brongniart, *Hist. végét. foss.*, I, p. 297, pl. XCIV; pl. XCV, fig. 1 et 2.
Pecopteris Sauveurii. Brongniart, *l. c.*, p. 299, pl. XCV, fig. 5.
Pecopteris subnervosa. Rœmer, *Palæontographica*, t. IX, p. 16, pl. VIII, fig. 11.

Rachis primaire large de 10 à 15 millimètres, couvert d'écailles ou marqué de cicatricules transversales, légèrement flexueux. Rachis secondaires larges de 3 à 7 millimètres, atteignant 12 à 15 centimètres de longueur, puis se bifurquant sous un angle très-ouvert en deux rameaux nus, longs de 10 à 20 millimètres, bifurqués eux-mêmes à leur sommet sous un angle variable, très-ouvert dans les portions inférieures de la fronde, plus aigu dans les portions supérieures. Les pennes partielles bipinnées, formant par leur réunion, au nombre de quatre, la penne entière quadripartite, sont ovales-lancéolées dans leur contour, longues de 20 à 25 centimètres vers la base de la fronde, et de 8 à 10 centimètres seulement vers le haut; leurs pennes secondaires, simplement pinnées, sont plus courtes dans l'angle intérieur de la seconde bifurcation que du côté extérieur. Pinnules de forme triangulaire, entières ou à peine dentelées, longues de 5 à 15 millimètres, larges de 3 à 5 millimètres, attachées au rachis par toute la largeur de leur base, décurrentes, assez obliques, légèrement soudées entre elles dans les portions inférieures de la fronde, se soudant de plus en plus et

[1] Voir plus haut, p. 45.

diminuant de longueur en même temps dans les portions supérieures et vers
le bout des pennes; pinnules de la base de la fronde obtusément aiguës au
sommet; les autres, plus courtes, tout à fait arrondies au sommet. La pinnule
extrême de chaque penne secondaire est plus ou moins allongée, ovale ou
ovale-lancéolée, parfois très-étroite; la pinnule inférieure est habituellement
divisée en deux lobes obtus, moins distincts dans les pennes supérieures
où les pinnules se soudent de plus en plus; sur les pennes secondaires les
plus basses, la pinnule inférieure est au contraire parfois plus développée, et
devient alors pinnatifide. Par suite de la soudure de plus en plus complète
des pinnules, les sections des pennes primaires supérieures, encore bipinnées à leur base, sont simplement pinnées vers leur extrémité et dans la plus
grande partie de l'angle interne de la seconde bifurcation; celles des plus
élevées sont même simplement pinnées dans toute leur étendue, le degré
de division diminuant ainsi régulièrement de la base au sommet de la
fronde. Ces pennes ou portions de pennes simplement pinnées sont garnies
de grandes pinnules simples, longues de 20 à 40 millimètres, larges de
6 à 7 millimètres, d'abord sinuées, puis tout à fait entières. Nervure médiane
très-forte, se prolongeant jusqu'au sommet des pinnules; nervures secondaires nettes, simples ou dichotomes, se détachant sous des angles aigus,
celles de la portion décurrente des pinnules naissant directement du
rachis.

J'ai observé un grand nombre d'échantillons de cette espèce, provenant
des bassins houillers du Nord de la France, de la Belgique, de Sarrebrück,
d'Eschweiler, etc. J'ai toujours vu les pennes, quand elles étaient assez complètes, divisées en quatre parties dès leur base et portées par un pétiole nu
assez développé; j'ai pu, sur un échantillon bien conservé provenant de
Bully-Grenay[1], suivre ce pétiole jusqu'à son insertion sur l'axe primaire et
constater que cet axe avait tous les caractères d'un rachis et non ceux d'un
tronc. Je ne puis donc regarder ces assemblages de quatre pennes que comme
des pennes primaires et non pas comme des frondes complètes; d'ailleurs,
les variations considérables qu'on observe dans le degré de division des
pennes, variations liées par une série continue d'intermédiaires, ne peuvent
correspondre qu'à des portions différentes d'une même fronde, ainsi que

[1] Cet échantillon est figuré dans le *Bulletin de la Société géologique de France*, 3ᵉ série, t. VII,
séance du 13 janvier 1879, pl. V, fig. 1.

Brongniart le supposait pour les trois variétés qu'il a indiquées dans cette espèce. Dans les échantillons que j'ai figurés, la figure 2 représente un fragment d'une penne de la partie moyenne, à pinnules partiellement soudées; la figure 1 représente un fragment d'une des pennes supérieures, à sommet simplement pinné; on y remarque l'inégalité des pennes secondaires situées de part et d'autre du rachis; celles qui sont dirigées vers le bas, étant placées dans l'angle de la bifurcation, sont plus courtes et ont leurs pinnules complétement soudées, tandis que, du côté opposé, les pennes sont plus longues et garnies encore, sauf les plus élevées, de pinnules bien distinctes.

Cette espèce est particulière au terrain houiller moyen, où elle paraît assez commune.

HOUILLER MOYEN.

BASSIN DU NORD ET DU PAS-DE-CALAIS. — *Vicoigne* : fosse n° 1, veine Saint-Louis. *Fresnes* : f. Bonnepart, v. Rapuroir. *Raismes* : f. Thiers, v. Printanière; f. Bleuse-Borne, v. Grande-Passée. (Nord.) — *Carvin* : f. n° 2 et n° 3, v. n° 4. *Dourges* : f. n° 2, v. Sainte-Cécile, v. Saint-Georges. *Courrières* : f. n° 1, v. de la Renaissance; f. n° 4, v. Augustine. *Lens* : f. n° 1, v. Marie, v. Ernestine, v. Céline; f. n° 2, v. Gassion; f. n° 3, v. du Souich. *Liévin. Bully-Grenay* : f. n° 3, v. Saint-Ignace, v. Christian, v. Sainte-Alice; f. n° 2, v. n° 7. *Nœux* : f. n° 1, v. Saint-Constant, v. Saint-Augustin. *Marles* : f. n° 3, v. Sophie. (Pas-de-Calais.)

BASSIN DU BAS-BOULONNAIS. — *Hardinghen* : f. du Souich, 1re veine. (Pas-de-Calais.)

MARIOPTERIS MURICATA. SCHLOTHEIM (sp.).

(Atlas, pl. CLXVII, fig. 5.)

Filicites muricatus. Schlotheim, *Petrefactenkunde*, p. 409. *Fl. der Vorw.*, pl. XII, fig. 21 et 23.
Pecopteris incisa. Sternberg, *Ess. Fl. monde prim.*, I, fasc. 4, p. xx; II, p. 156, pl. XXII, fig. 3.
Pecopteris muricata. Brongniart, *Hist. végét. foss.*, I, p. 352, pl. XCV, fig. 3 et 4; pl. XCVII.
Pecopteris laciniata. Lindley et Hutton, *Foss. Fl. of Gr. Britain*, II, pl. CXXII.

Rachis primaire large de 15 à 20 millimètres, garni d'écailles ou couvert de cicatricules transversales. Rachis secondaires larges de 5 à 7 millimètres, se bifurquant sous des angles assez ouverts, du moins dans les pennes inférieures, en deux rameaux longs de 10 à 20 millimètres, bifurqués eux-mêmes en deux pennes bipinnées, à contour ovale-lancéolé, longues de 10 à

25 ou 30 centimètres. Pinnules de forme oblongue-triangulaire, aiguës au sommet, larges de 3 à 6 millimètres, longues de 4 à 15 millimètres, un peu décurrentes, assez obliques, contractées à la base et non contiguës dans les pennes inférieures, dentées et même lobées; dans les pennes supérieures elles sont plus entières, plus rapprochées, et se soudent même les unes aux autres à leur base. Pinnule inférieure de chaque penne généralement plus longue que toutes les autres et habituellement pinnatifide, mais se réduisant, vers le sommet des pennes supérieures, à être simplement bilobée. Au sommet des pennes supérieures, les pinnules se soudent de plus en plus, formant, par leur réunion, des pinnules à contour dentelé. Nervure médiane très-nette se prolongeant jusqu'au sommet de la pinnule; nervures secondaires se divisant une et deux fois par dichotomie, naissant et se bifurquant sous des angles aigus; celles de la portion décurrente des pinnules naissant directement du rachis.

Cette espèce me paraît distincte de la précédente, à laquelle quelques auteurs proposent de la réunir, par ses pinnules beaucoup moins soudées, parfois même tout à fait séparées, plus aiguës en général au sommet, fréquemment contractées à la base, souvent dentées et même lobées, enfin par la pinnule inférieure des pennes secondaires généralement pinnatifide.

Elle est également assez commune dans le terrain houiller moyen, auquel elle est particulière.

HOUILLER MOYEN.

BASSIN DU NORD ET DU PAS-DE-CALAIS. — *Vieux-Condé :* fosse Léonard, veine Neuf-Paumes. *Fresnes :* f. Bonnepart, petite veine. *Anzin :* f. Casimir-Périer, 1re veine du Nord; f. Renard, v. Président. *Aniche :* v. Ferdinand; f. Fénelon, v. Marie, v. du sondage. *L'Escarpelle :* f. n° 3, v. Ernest. (Nord.) — *Carvin :* f. n° 3, 3e et 4e veines. *Liévin. Auchy-au-Bois :* f. n° 2. (Pas-de-Calais.)

BASSIN DU BAS-BOULONNAIS. — *Hardinghen :* f. du Souich, 1re veine. (Pas-de-Calais.)

Pécoptéridées.

Genre ALETHOPTERIS. Sternberg.

Alethopteris. Sternberg, *Ess. Fl. monde prim.*, I, fasc. 4, p. xxi. — Brongniart, *Tabl. des genres de végét. foss.*, p. 24.

Pecopteris (§ II, Pteroides). Brongniart, *Hist. végét. foss.*, I, p. 275.

Fronde tripinnée; pinnules généralement obliques, décurrentes sur le rachis, auquel elles sont fixées par toute la largeur de leur base, quelquefois libres, plus souvent soudées les unes aux autres par leur base, assez rapprochées, entières, à sommet tantôt aigu, tantôt arrondi, et à surface supérieure convexe. Pinnule extrême de chaque penne généralement plus longue que les précédentes. Rachis non garni de pinnules entre les bases des pennes. Les pennes primaires, bipinnées à leur base et sur la plus grande partie de leur étendue, sont simplement pinnées vers leur sommet, les pennes secondaires garnies de petites pinnules étant remplacées, après avoir été en diminuant un peu de taille, par de grandes pinnules simples. Nervure médiane nette, se prolongeant presque jusqu'au bout des pinnules; nervures secondaires se détachant sous un angle assez ouvert, puis s'étalant presque aussitôt pour prendre une direction normale au bord du limbe; nervures secondaires fines, nombreuses, simples ou dichotomes.

Les *Alethopteris* avaient le même mode de végétation que les *Nevropteris* et les *Odontopteris*. On ne connaît pas leur mode de fructification.

ALETHOPTERIS LONCHITICA. Schlotheim (sp.).

Filicites lonchiticus. Schlotheim, *Petrefactenkunde*, p. 411. *Fl. der Vorw.*, pl. XI, fig. 22.

Alethopteris lonchitidis. Sternberg, *Ess. Fl. monde prim.*, I, fasc. 4, p. xxi.

Pecopteris lonchitica. Brongniart, *Dict. sc. nat.*, t. LVII, p. 66. *Hist. végét. foss.*, I, p. 275, pl. LXXXIV.

Alethopteris vulgatior. Sternberg, *l. c.*, p. xxi, pl. LIII, fig. 2.

Pecopteris blechnoides. Brongniart, *Dict. sc. nat.*, t. LVII, p. 65.

Fronde tripinnée; rachis striés longitudinalement; pennes secondaires se

détachant sous un angle assez ouvert, alternes, longues de 10 à 15 centimètres, rapprochées, empiétant un peu les unes sur les autres. Pinnules
alternes, larges de 4 à 5 millimètres, longues de 15 à 25 millimètres,
partant du rachis sous un angle de 45 à 60°, souvent un peu flexueuses et
légèrement arquées en arrière, oblongues-lancéolées, effilées vers le sommet, qui se termine en pointe obtuse, légèrement contractées à la base du
côté supérieur, décurrentes du côté inférieur et se prolongeant le long du
rachis par une bande étroite qui descend, en se rétrécissant, jusqu'à la pinnule
voisine. Pinnules souvent assez écartées, distantes de 5 à 10 millimètres,
mais se soudant les unes aux autres par la bande qui borde le rachis, séparées par des sinus très-aigus; diminuant peu à peu de longueur vers le bout
des pennes, mais la pinnule extrême très-longue; à la base d'une penne secondaire simplement pinnée, il y a souvent une ou deux pinnules pinnatifides ou même pinnées. Au sommet des pennes primaires, les pennes secondaires pinnées sont remplacées par de grandes pinnules très-longues.
Nervure médiane très-marquée; nervures secondaires très-fines et très-nombreuses, les unes simples, la plupart bifurquées dès leur base.

Cette espèce est particulière au terrain houiller moyen et me paraît cantonnée, ainsi que l'a indiqué M. l'abbé Boulay, dans les régions moyenne et
inférieure de ce terrain.

HOUILLER MOYEN.

Bassin du Nord. — *Vieux-Condé* : fosse Chabaud-Latour. [Abbé Boulay.] *Vicoigne* :
f. n° 1, veine Saint-Louis; f. n° 2, v. Sainte-Victoire. *Fresnes* : f. Bonnepart, v. Neuf-
Paumes. *Raismes* : f. Thiers, v. Printanière. *Anzin* : f. Casimir-Périer, 1ʳᵉ veine du Nord.
Aniche : grande veine, v. Bon-Secours; f. Fénelon, v. du sondage; f. Sainte-Marie et
f. Saint-Louis, v. Marie. (Nord.)

ALETHOPTERIS MANTELLI. Brongniart (sp.).

(Atlas, pl. CLXIII, fig. 3 et 4.)

Pecopteris **Mantelli**. Brongniart, *Hist. végét. foss.*, I, p. 278, pl. LXXXIII, fig. 3 et 4.

Rachis striés longitudinalement; pennes secondaires alternes, assez étalées,
longues de 10 à 12 centimètres, empiétant légèrement les unes sur les autres.
Pinnules alternes, larges de 2 à 3 millimètres, longues de 12 à 15 mil-

limètres, partant du rachis, sous des angles de 45 à 60°, légèrement arquées, à bords presque parallèles, terminées en pointe obtuse, un peu contractées à la base, généralement décurrentes le long du rachis, assez rapprochées, distantes de 4 à 5 millimètres, le plus souvent soudées les unes aux autres par la bande qui borde le rachis et séparées par des sinus aigus; pinnule extrême très-longue, de même que les pinnules simples qui terminent les grandes pennes. Nervure médiane très-marquée; nervures secondaires très-nombreuses, simples ou bifurquées dès la base.

Cette espèce se distingue de la précédente par ses pinnules plus petites, par la forme de celles-ci, presque linéaires, plus étroites et plus rapprochées relativement à leur longueur.

Elle est particulière aussi au terrain houiller moyen.

HOUILLER MOYEN.

Bassin du Pas-de-Calais. — *Meurchin :* fosse n° 1, grande veine. *Nœux :* 1re veine. *Ferfay :* f. n° 2, v. Ferain. (Pas-de-Calais.)

ALETHOPTERIS SERLL. Brongniart (sp.).

(Atlas, pl. CLXIII, fig. 1 et 2.)

Pecopteris Serlii. Brongniart, *Hist. végét. foss.*, I, p. 292, pl. LXXXV.

Rachis striés longitudinalement; rachis primaire large de 15 à 20 millimètres et plus; pennes primaires alternes, rapprochées, se recouvrant en partie l'une l'autre; pennes secondaires alternes, longues de 15 à 20 centimètres, assez étalées, distantes de 25 à 35 millimètres d'un même côté du rachis, empiétant les unes sur les autres. Pinnules alternes, larges de 5 à 8 millimètres, longues de 15 à 25 millimètres, partant du rachis sous des angles de 60 à 70°, légèrement arquées en arrière, fortement élargies au milieu, terminées au sommet en pointe obtuse, contractées à la base, décurrentes le long du rachis, très-rapprochées, se recouvrant par leurs bords, soudées les unes aux autres et séparées par des sinus aigus; pinnules diminuant de longueur au bout des pennes, mais la pinnule extrême plus longue que les précédentes. Pinnules de la base des pennes souvent un peu réfléchies en arrière et s'étalant sur le rachis. Nervure médiane très-nette, se prolongeant jusqu'au sommet de la pinnule; nervures secondaires très-nombreuses et très-fines, simples ou bifurquées.

Cette espèce me paraît propre au terrain houiller moyen, où elle se montre surtout abondante dans les régions moyenne et supérieure.

HOUILLER MOYEN.

BASSIN DU NORD ET DU PAS-DE-CALAIS. — *Anzin :* fosse Casimir-Périer, 1re veine du Nord. *Annœullin.* (Nord.) — *Dourges :* f. n° 2, v. n° 5, v. Saint-Georges, v. Sainte-Cécile. *Courrières :* f. n° 2, v. Pauline; f. n° 4, v. Augustine, v. Sainte-Barbe. *Lens :* f. n° 1, v. du Nord, v. Céline, v. Omérine, v. Émilie, v. Ernestine; f. n° 2, v. Dumont, v. Théodore. *Liévin. Bully-Grenay :* f. n° 5, v. Saint-Joseph, v. Saint-Alexis; f. n° 3, v. Christian, v. n° 3, v. Marie, v. Désiré, v. Saint-Ignace; f. n° 2, v. n° 7, v. n° 16. *Nœux :* f. n° 2, v. Saint-Augustin. *Marles :* f. n° 4, v. Cavaignaux. (Pas-de-Calais.)

ALETHOPTERIS GRANDINI. BRONGNIART (sp.).

Pecopteris Grandini. Brongniart, *Hist. végét. foss.,* I, p. 286, pl. XCI, fig. 1 à 4.

Rachis striés longitudinalement; pennes secondaires alternes, étalées, empiétant un peu les unes sur les autres. Pinnules alternes, larges de 5 à 8 millimètres, longues de 20 à 25 millimètres, assez étalées, légèrement arquées, à bords presque parallèles, tout à fait arrondies au sommet, légèrement contractées vers la base et un peu décurrentes sur le rachis, très-rapprochées, séparées par des sinus arrondis; pinnules diminuant de longueur et se soudant de plus en plus au bout des pennes, la pinnule extrême très-courte. Nervure médiane très-marquée, ne se prolongeant pas jusqu'au sommet; nervures secondaires nombreuses, simples ou bifurquées à la base et se divisant encore à moitié de leur longueur.

Cette espèce me paraît particulière au terrain houiller supérieur, où on la trouve assez abondamment. M. l'abbé Boulay l'indique, il est vrai, dans le bassin du Pas-de-Calais, à Lens et à Bully-Grenay, dans des couches qu'il regarde comme très-élevées; mais je ne l'ai, quant à moi, jamais observée parmi les nombreuses empreintes de ces provenances que j'ai pu examiner.

HOUILLER SUPÉRIEUR.

BASSIN DE LA LOIRE. — *Saint-Chamond. Terre-Noire :* puits Saint-Félix. *Treuil :* 2e couche. *Méons. Chanay :* 13e couche. *La Barallière :* 9e à 12e couche. *Quartier-Gaillard.*

Montsalson : 3e couche. *Villars. Montaud* : 8e couche. *Montrambert. Unieux* : p. Saint-Honoré. (Loire.) [Grand'Eury.]

Langeac (Haute-Loire). [Grand'Eury.]

Brassac : zone supérieure. (Puy-de-Dôme.) [Grand'Eury.]

Bassin d'Alais. — *Bessèges, La Grand'Combe* : couches inférieures. (Gard.) [Grand'-Eury.]

Prades (Ardèche). [Grand'Eury.]

Graissessac. Neffiez. (Hérault.) [Grand'Eury.]

Bassin de Decazeville. — *Bourran. Paleyrets. Cransac.* (Aveyron.)

Argentat (Corrèze).

Cublac (Dordogne).

Decize (Nièvre).

Commentry : grande couche. *Montet-aux-Moines.* (Allier.) [Grand'Eury.]

La Chapelle-sous-Dun (Saône-et-Loire). [Grand'Eury.]

Bassin de Saône-et-Loire. — *Saint-Bérain. Blanzy. Longpendu.* [Grand'Eury.] *Creusot.* (Saône-et-Loire.)

Bassin d'Autun. — *Épinac* : étage inférieur. (Saône-et-Loire.) [Grand'Eury.]

Ronchamp (Haute-Saône). [Grand'Eury.]

Saint-Pierre-Lacour (Mayenne).

Kergogne (Finistère). [Grand'Eury.]

ALETHOPTERIS DAVREUXI. Brongniart (sp.).

Pecopteris Davreuxii. Brongniart, *Dict. sc. nat.,* t. LVII, p. 66. *Hist. végét. foss.,* I, p. 279, pl. LXXXVIII.

Pecopteris Dournaisii. Brongniart, *Hist. végét. foss.,* I, p. 282, pl. LXXXIX (excl. fig. 2).

Rachis striés longitudinalement; pennes primaires alternes, très-longues, très-étalées, souvent flexueuses, rapprochées, se recouvrant en partie; pennes secondaires alternes, longues de 6 à 10 et 15 centimètres, partant du rachis sous des angles de 70 à 90°, distantes de 10 à 25 millimètres d'un même côté du rachis, empiétant à peine les unes sur les autres. Pinnules alternes, larges de 2 à 4 millimètres, longues de 4 à 15 millimètres et plus, suivant la position des pennes auxquelles elles appartiennent, très-étalées, souvent un peu arquées en arrière, à bords presque parallèles, à sommet arrondi ou au moins terminé en pointe très-obtuse; un peu décurrentes à la base, soudées les unes aux autres et séparées par des sinus arrondis; pinnules assez rapprochées, mais au plus contiguës et ne se recouvrant pas, diminuant de longueur vers le bout des pennes, mais la pinnule extrême plus longue que les autres. Les pennes primaires supérieures sont bipinnées à la base, simplement pinnées au sommet, la transition des pennes secondaires garnies de petites pinnules aux grandes pinnules simples, longues de 20 millimètres, se faisant par des pinnules pinnatifides, ou à bord irrégulièrement sinué. Nervure médiane très-nette, se prolongeant presque jusqu'au sommet des pinnules; nervures secondaires très-accentuées, un peu obliques sur la nervure principale, bifurquées dès leur base ou un peu au-dessus, la branche inférieure généralement simple, la branche supérieure presque toujours bifurquée; nervules flexueuses, se rapprochant souvent les unes des autres au point de se toucher presque et de paraître s'anastomoser.

J'ai vu, sur de nombreux échantillons, les passages entre le *Pecopteris Davreuxi*, correspondant aux pennes inférieures d'une fronde, et le *Pecopteris Dournaisi*, correspondant aux pennes supérieures à pinnules plus courtes; d'ailleurs les nervations de ces deux espèces, très-exactement figurées par Brongniart, *l. c.,* pl. LXXXVIII, fig. 2 A, et pl. LXXXIX, fig. 1 A, sont identiquement les mêmes, et je n'hésite pas à les réunir. Quant à l'échantillon représenté pl. LXXXIX, fig. 2, et que j'ai pu voir au Muséum d'histoire naturelle, il n'appartient certainement pas à cette espèce.

L'*Alethopteris Davreuxi* est spécial au terrain houiller moyen.

HOUILLER MOYEN.

BASSIN DU NORD ET DU PAS-DE-CALAIS. — *Raismes :* fosse Thiers, veine Printanière; f. Saint-Louis, v. Filonnière, v. Grande-Passée. *Anzin :* f. Renard, v. Président, v. Mark. Aniche. (Nord.) — *Courrières :* f. n° 2, v. Pauline; f. n° 4, v. Augustine. *Lens :* f. n° 1, v. Marie, v. Émilie. *Bully-Grenay :* f. n° 7, v. Christian; f. n° 5, v. Saint-Joseph. *Nœux :* f. n° 1, v. Saint-Augustin. *Ferfay :* f. n° 2, v. Ferain. (Pas-de-Calais.)

Genre LONCHOPTERIS. BRONGNIART.

Lonchopteris. Brongniart, *Dict. sc. nat.,* t. LVII, p. 68. *Hist. végét. foss.,* I, p. 367.

Fronde probablement tripinnée; pinnules plus ou moins étalées, insérées par toute la largeur de leur base, souvent un peu décurrentes sur le rachis, soudées les unes aux autres par leur base, rapprochées, entières, arrondies au sommet. Pinnule extrême de chaque penne généralement plus longue que les précédentes. Pennes primaires bipinnées sur la plus grande partie de leur étendue, mais simplement pinnées vers le sommet. Nervure médiane nette, se prolongeant presque jusqu'au bout des pinnules; nervures secondaires nombreuses, s'anastomosant entre elles, de manière à former un réseau à mailles serrées, polygonales, plus grandes au voisinage de la nervure médiane, plus petites vers les bords de la pinnule.

A part ce dernier caractère, ce genre se rapproche excessivement du genre *Alethopteris*. On ne connaît pas non plus son mode de fructification.

LONCHOPTERIS BRICII. Brongniart.

(Atlas, pl. CLXV, fig. 3 et 4.)

Lonchopteris Bricii. Brongniart, *Dict. sc. nat.*, t. LVII, p. 68. *Hist. végét. foss.*, I, p. 368, pl. CXXXI, fig. 2 et 3.

Lonchopteris rugosa. Brongniart, *Dict. sc. nat.*, t. LVII, p. 68. *Hist. végét. foss.*, I, p. 368, pl. CXXXI, fig. 1.

Rachis secondaires striés longitudinalement, larges de 8 à 10 millimètres; pennes primaires distantes de 15 à 20 et 25 centimètres; pennes secondaires alternes, longues de 10 à 15 centimètres, étalées, distantes de 20 à 30 millimètres d'un même côté du rachis, empiétant un peu les unes sur les autres. Pinnules alternes, longues de 10 à 20 millimètres, larges de 4 à 10 millimètres, partant du rachis sous des angles de 50 à 80 et 90°, de forme un peu variable, parfois élargies vers le milieu et tout à fait arrondies au sommet, plus souvent triangulaires, s'amincissant au sommet et terminées en pointe obtuse, légèrement décurrentes à la base sur le rachis, presque contiguës les unes aux autres, soudées entre elles par leur base, séparées par des sinus, tantôt arrondis, tantôt aigus; suivant qu'elles-mêmes sont étalées ou dressées. Pinnules diminuant de longueur vers le bout des pennes; pinnule terminale très-mince et longue.

Nervure médiane très-nette, se prolongeant presque jusqu'au sommet des pinnules; nervures secondaires se détachant sous des angles aigus, puis arquées, s'anastomosant en réseau, et formant trois à cinq séries de mailles entre la nervure médiane et le bord du limbe; les aréoles qui touchent la nervure médiane plus grandes que les autres.

J'ai conservé pour cette espèce le nom de *Lonchopteris Bricii* plutôt que celui de *Lonchopteris rugosa*, bien que celui-ci soit peut-être plus généralement employé; mais le *Lonchopteris rugosa* ne se trouve décrit, dans l'*Histoire des végétaux fossiles*, qu'après le *Lonchopteris Bricii*, et il y est indiqué comme n'étant peut-être qu'une variété de celui-ci.

Le *Lonchopteris Bricii* est spécial au terrain houiller moyen, comme d'ailleurs les autres espèces du même genre.

HOUILLER MOYEN.

Bassin du Nord et du Pas-de-Calais. — *Raismes* : fosse Thiers, veine Printanière; f. Bleuseborne, v. Grande-Passée. *Aniche.* (Nord.) — *Meurchin* : f. n° 1, v. n° 1. *Auchy-au-Bois* : f. n° 2. (Pas-de-Calais.)

Genre PECOPTERIS. Brongniart.

Pecopteris. Brongniart, *Classif. végét. foss.*, p. 33.

Frondes bi- ou tripinnées; pinnules partant du rachis sous un angle assez ouvert, insérées par toute la largeur de leur base, non décurrentes, souvent soudées en partie les unes aux autres, contiguës ou presque contiguës, entières ou lobées, généralement arrondies, rarement dentées, ne variant de longueur qu'au bout des pennes et s'y soudant souvent complétement les unes aux autres. Nervure médiane nette, se prolongeant presque jusqu'au sommet des pinnules; nervures secondaires partant de la nervure médiane sous un angle plus ou moins ouvert, alternes, simples ou bifurquées.

Un certain nombre d'espèces de ce genre peuvent être groupées en sections assez naturelles; on distingue notamment :

1° Les *Pecopteris cyathoïdes*, à pinnules contiguës, à bords parallèles, partant du rachis sous un angle très-ouvert, entières ou lobées, à sommet arrondi, légèrement soudées entre elles à la base, à nervules étalées : à cette section appartiennent essentiellement les *Pecopteris arborescens, cyathea, Candolleana, abbreviata*, dont la nervation, cependant, du moins chez ce dernier, présente déjà quelque analogie avec celle des *Pecopteris névroptéroïdes*. Toutes ces espèces avaient des fructifications composées de capsules ovoïdes, courtes, amincies au sommet, réunies en étoile par trois à cinq, soudées les unes aux autres, à sommets convergents vers le centre du sore, constituant ainsi des groupes saillants, normaux au limbe, qui affectent dans leur ensemble une forme conique (*Asterotheca* Presl). Ces sores sont disposés sous chaque pinnule sur deux lignes parallèles à la nervure médiane, de part et d'autre de cette nervure.

2° Les *Pecopteris névroptéroïdes*, à pinnules contiguës, à bords parallèles, entières ou lobées, arrondies au sommet, souvent un peu contractées à la base et non soudées en général les unes aux autres, à nervures secondaires divisées une ou deux fois par dichotomie. Le type de cette section est le *Pecopteris polymorpha*, qui diffère aussi des *Pecopteris cyathoïdes* par sa fructification composée de groupes de longues capsules arquées, soudées par trois à cinq au sommet d'un court pédicelle normal au limbe (*Scolecopteris* Zenker).

3° Les *Pecopteris* dits *Gonioptérites*, à pinnules soudées entre elles sur une partie plus ou moins grande de leur longueur, formant par leur réunion de longues folioles crénelées ou dentées ; les nervures secondaires de chaque pinnule sont simples, et se réunissent souvent avec les nervures de la pinnule voisine sur la ligne de suture commune. A cette section appartient le *Pecopteris arguta ;* les fructifications étaient composées de capsules complétement soudées les unes aux autres par groupes de six ou sept, normaux au limbe.

Ces trois sections rentrent dans la famille des Marattiacées. Mais, pour beaucoup d'espèces, on ne connaît pas encore leur mode de fructification et il faut attendre qu'on ait pu l'observer avant de les faire rentrer dans l'une ou l'autre de ces sections, qui ont chacune, sous ce rapport, leur caractère particulier.

La plupart des *Pecopteris* avaient des frondes de grande taille et les pétioles en étaient portés sur des troncs arborescents, dont les caractères anatomiques s'accordent avec ceux de la fructification pour faire ranger ces Fougères parmi les Marattiacées.

PECOPTERIS ARBORESCENS. Schlotheim (sp.).

(Atlas, pl. CLXIX, fig. 4.)

Filicites arborescens. Schlotheim, *Petrefactenkunde,* p. 404. *Fl. d. Vorw.*, pl. VIII, fig. 13.
Pecopteris arborea. Sternberg, *Ess. Fl. monde prim.,* I, fasc. 4, p. xviii.
Pecopteris arborescens. Brongniart, *Dict. sc. nat.,* t. LVII, p. 65. *Hist. végét. foss.,* I, p. 310, pl. CII; pl. CIII, fig. 2 et 3.

Fronde tripinnée ; rachis ponctué, assez épais ; pennes secondaires alternes,

iv.

se détachant sous des angles de 5o à 70°, longues de 5 à 8 centimètres, distantes de 8 à 10 millimètres d'un même côté du rachis. Pinnules alternes, courtes, larges de 1^{mm},5 à 2 millimètres sur 2^{mm},5 à 3 millimètres seulement de longueur, arrondies au sommet, légèrement soudées entre elles à la base, très-étalées, toutes égales, ne diminuant de longueur qu'à l'extrémité des pennes. Les pennes primaires, à leur extrémité, sont simplement pinnées et portent quelques pinnules plus grandes, larges de 2 millimètres à 2^{mm},5, longues de 5 à 6 millimètres, faisant suite aux pennes secondaires garnies de petites pinnules. Nervules nombreuses, simples, partant de la nervure médiane sous un angle d'environ 5o°.

Cette espèce est spéciale au terrain houiller supérieur, dont elle semble caractériser surtout les régions inférieure et moyenne.

HOUILLER SUPÉRIEUR.

BASSIN DE LA LOIRE. — *Communay* (Isère). — *Rive-de-Gier* : couche Bourrue. *Couzon* : grande couche. [GRAND'EURY.] *Saint-Priest.* (Loire.)

Langeac (Haute-Loire). [GRAND'EURY.]

Brassac (Puy-de-Dôme).

La Mure (Isère). [GRAND'EURY.]

Prades (Ardèche). [GRAND'EURY.]

BASSIN D'ALAIS.— *Bessèges. La Grand'Combe* : Champclauson. (Gard.) [GRAND'EURY.]

Neffiez (Hérault). [GRAND'EURY.]

Carmaux (Tarn).

Argentat (Corrèze).

Lardin. Peyrignac. (Dordogne.)

Montet-aux-Moines (Allier). [GRAND'EURY.]

BASSIN DE SAÔNE-ET-LOIRE. — *Creusot.*

BASSIN D'AUTUN. — *Épinac.* [GRAND'EURY.]

PECOPTERIS CYATHEA. SCHLOTHEIM (sp.).

(Atlas, pl. CLXIX, fig. 5 et 6.)

Filicites oyatheus. Schlotheim, *Petrefactenkunde*, p. 4o3. *Fl. der Vorw.*, pl. VII.
Pecopteris Schlotheimii. Sternberg, *Ess. Fl. monde prim.*, I, fasc. 4, p. XVIII.
Pecopteris cyathea. Brongniart, *Dict. sc. nat.*, t. LVII, p. 65. *Hist. végét. foss.*, I, p. 3o7, pl. CI.
Filicites affinis. Schlotheim, *Petrefactenkunde*, p. 4o4. *Fl. der Vorw.*, pl. VIII, fig. 14.

Fronde tripinnée; rachis primaire large de 4 à 5 centimètres, lisse, ou marqué çà et là de ponctuations ou de petites stries longitudinales. Pennes primaires alternes, longues de 50 à 80 centimètres, distantes de 10 à 15 centimètres d'un même côté de la fronde, très-étalées, empiétant souvent en partie les unes sur les autres; pennes secondaires alternes, se détachant sous des angles de 50 à 80°, longues de 8 à 10 centimètres, distantes, d'un même côté, de 10 à 15 millimètres. Pinnules alternes, très-étalées, larges de 1^{mm},5 à 2 millimètres, longues de 5 à 10 millimètres, arrondies au sommet, contiguës, légèrement soudées entre elles à la base, presque toutes égales, diminuant de longueur au bout des pennes. Nervure médiane nette; nervules nombreuses, simples ou bifurquées dès la base, très-étalées.

Pinnules fructifères portant, de chaque côté de la nervure médiane, six à dix groupes de capsules saillantes, réunies par cinq dans chaque groupe; groupes de capsules très-serrés, couvrant toute la face inférieure des pinnules.

Cette espèce est spéciale au terrain houiller supérieur et s'y rencontre abondamment.

HOUILLER SUPÉRIEUR.

BASSIN DE LA LOIRE. — *Quartier-Gaillard. Avaize. Montaud. Reveux* : 13e couche. *Villars. La Porchère* : 15e couche. *Roche-la-Molière* : puits Neyron. *Beaubrun. Montsalson. Montrambert* : couche des Littes. (Loire.) [GRAND'EURY.]

Grosmesnil (Haute-Loire).

Brassac (Puy-de-Dôme).

BASSIN D'ALAIS. — *Bessèges. Molière. Portes.* (Gard.) [GRAND'EURY.]

Carmaux (Tarn).

BASSIN DE DECAZEVILLE. — *Paleyrets* (Aveyron).

Argentat. Le Cayre, près Brive. (Corrèze.)

Cublac. Lardin. (Dordogne.)

Ahun. Bosmoreau. (Creuse.)

Commentry (Allier).

Decize (Nièvre).

BASSIN DE SAÔNE-ET-LOIRE. — *Montchanin. Creusot.* (Saône-et-Loire.)

Ronchamp (Haute-Saône).

Carling (Lorraine).

Saint-Pierre-Lacour (Mayenne).

PECOPTERIS CANDOLLEI. Brongniart.

Pecopteris Candolleana. Brongniart, *Hist. végét. foss.,* p. 3o5, pl. C, fig. 1.
Pecopteris affinis. Brongniart, *l. c.,* p. 3o6, pl. C, fig. 2 et 3; *non* Schlotheim.

Fronde tripinnée; pennes secondaires alternes, se détachant sous des angles de 5o à 7o°, longues de 6 à 10 centimètres, distantes de 12 à 15 millimètres d'un même côté, empiétant un peu les unes sur les autres. Pinnules alternes, assez étalées, larges de $1^{mm},5$ à 2 millimètrès, longues de 7 à 12 millimètres, arrondies au sommet, légèrement espacées, quelquefois un peu contractées à la base, presque toutes égales, se raccourcissant au bout des pennes. Nervure médiane nette; nervures secondaires nombreuses, partant sous des angles de 45 à 5o°, bifurquées un peu au-dessus de leur base.

Le *Pecopteris Candollei* est propre, comme le précédent, au terrain houiller supérieur et paraît se continuer dans les premières couches permiennes.

HOUILLER SUPÉRIEUR.

Bassin de la Loire. — *Villars. Montaud :* 8ᵉ couche. *Clapier :* 7ᵉ couche. *Unieux.* (Loire.) [Grand'Eury.]
Langeac (Haute-Loire). [Grand'Eury.]
Bassin d'Alais. — *Bessèges* (Gard). [Grand'Eury.]
Prades (Ardèche). [Grand'Eury.]
Cublac (Dordogne).
Commentry : couche du Marais. (Allier.) [Grand'Eury.]
Ahun (Creuse).
Bassin de Saône-et-Loire. — *Creusot.* [Grand'Eury.]
Bassin d'Autun. — *Sully* (Saône-et-Loire). [Grand'Eury.]
Saint-Pierre-Lacour (Mayenne).
Saint-Nazaire (Var). [Grand'Eury.]

PERMIEN.

Mines de *Bert* (Allier). [Grand'Eury.]
Schistes bitumineux de *Lally* et de *Millery* (Saône-et-Loire). [Grand'Eury.]

PECOPTERIS ABBREVIATA. Brongniart.

Pecopteris abbreviata. Brongniart, *Hist. végét. foss.*, I, p. 337, pl. CXV, fig. 1 à 4.

Fronde quadripinnée; rachis lisse, marqué çà et là de petites ponctuations, assez épais; pennes primaires alternes, se détachant sous des angles
de 45 à 70°, longues de 15 à 40 centimètres, distantes, d'un même côté,
vers la base de la fronde, de 8 à 12 centimètres et, vers le haut, de 3 à
4 centimètres, empiétant les unes sur les autres; pennes inférieures tripinnées à la base, bipinnées vers leur milieu, simplement pinnées au sommet
et garnies de longues pinnules lobées; pennes moyennes bipinnées; pennes
supérieures simplement pinnées, garnies d'abord de grandes pinnules lobées, puis de petites pinnules entières. Pennes secondaires alternes, étalées,
longues de 5 à 8 centimètres à la base des pennes inférieures et de
3 à 4 centimètres à la base des pennes moyennes ou supérieures. Pinnules des portions les plus divisées de la fronde larges de $1^{mm},5$ à 2 millimètres, longues de $2^{mm},5$ à 4 millimètres, entières, arrondies au sommet,
exactement contiguës, un peu soudées entre elles à la base; nervure médiane
nette, nervures secondaires au nombre de deux à quatre de chaque côté, se
détachant sous un angle de 35 à 45°, bifurquées un peu au-dessus de
leur base. Sur les portions de la fronde moins profondément divisées, les
pinnules se soudent plus complétement, formant par leur réunion des
folioles de 10 à 12 millimètres de long, à crénelures arrondies, chaque crénelure étant pourvue d'une nervure médiane qui aboutit à son sommet et de
laquelle se détachent des nervules simples ou bifurquées aboutissant au
contour de la crénelure, sans s'unir à celles de la crénelure voisine; enfin,
dans les parties moins profondément divisées encore, les pinnules se soudent
sur toute leur hauteur, formant des folioles de 5 à 7 millimètres de long, légèrement sinuées, à nervure médiane nette, à nervures secondaires se détachant sous des angles assez aigus et émettant chacune deux ou trois nervules
simples qui aboutissent au bord du limbe. Suivant la soudure plus ou moins
complète des pinnules, la forme des folioles change ainsi notablement dans
les diverses parties de la fronde.

Fructification en *Asterotheca*; capsules longues d'environ $0^{mm},75$ sur $0^{mm},40$

à o^{mm},5o de diamètre, réunies en étoiles par groupes de quatre ou cinq,
couvrant toute la face inférieure des pinnules; sores au nombre de quatre
à huit sous chaque pinnule; les divisions supérieures des pennes sont
souvent stériles, les divisions inférieures portant seules des fructifications [1].

Cette espèce me paraît spéciale au terrain houiller moyen et assez abondante surtout vers le haut de ce terrain.

HOUILLER MOYEN.

Bassin du Nord et du Pas-de-Calais. — *Anzin :* fosse Renard, veine Gailleteuse,
v. Président. *Denain :* f. Villars, v. Édouard. *L'Escarpelle :* f. n° 3, v. Ernest. *Annœullin.*
(Nord.) — *Meurchin :* f. n° 1, v. n° 1. *Courrières :* f. n° 4, v. Augustine. *Lens :* f. n° 3,
v. Gérard; f. n° 4, v. Valentin. *Bully-Grenay :* f. n° 3, v. n° 3, v. Désiré; f. n° 5,
v. Saint-Joseph, v. Sainte-Barbe; f. n° 7, v. Christian; f. n° 1, v. Constance. *Nœux :* f. n° 1,
v. Saint-Augustin; f. n° 4, v. Saint-Paul. *Marles :* f. n° 4, v. Sainte-Barbe. (Pas-de-Calais.)

PECOPTERIS DENTATA. Brongniart.

(Atlas, pl. CLXVIII, fig. 3 et 4.)

Pecopteris dentata. Brongniart, *Hist. végét. foss.,* I, p. 346, pl. CXXIII et CXXIV.

Fronde tripinnée; rachis épais, couvert de petites écailles ou marqué de
fines ponctuations; pennes primaires alternes, longues de 25 à 3o centimètres et plus, généralement arquées ou flexueuses, distantes de 5 à 1o centimètres d'un même côté de la fronde, empiétant les unes sur les autres;
pennes secondaires alternes, étalées, longues de 3o à 4o millimètres, distantes de 1o à 15 millimètres d'un même côté, se recouvrant en partie. Pinnules de la base des pennes un peu arquées, longues de 6 à 1o millimètres,
larges de 2 millimètres à 2^{mm},5 à leur base, effilées vers le haut, bordées
de crénelures arrondies, pourvues chacune d'une nervure médiane émettant
trois ou quatre nervules simples qui se détachent sous un angle aigu. Pinnules
des pennes secondaires simplement pinnées, longues de 2 à 4 millimètres,
larges de 1^{mm},5 à 2 millimètres, arrondies au sommet, contiguës, soudées
entre elles par leur base; nervure médiane nette, émettant de chaque côté

---

[1] J'ai pu observer nettement la fructification de cette espèce sur des empreintes très-bien conservées recueillies dans les mines de Bully Grenay.

quatre à cinq nervures simples, rarement bifurquées. La forme des folioles varie sensiblement dans les diverses parties de la fronde, moins cependant que dans l'espèce précédente, suivant que les pinnules sont soudées seulement à leur base, ou se soudent plus complétement pour former de grandes pinnules à bord sinué.

Au point d'insertion de chaque penne, au moins dans les portions inférieures de la fronde, le rachis primaire porte une expansion foliacée membraneuse très-découpée, souvent dirigée en arrière, constituée par une bande large de 2 à 3 millimètres, longue de 20 à 25 millimètres, dépourvue de nervure, émettant de chaque côté deux ou trois ramifications divisées en segments profonds, assez étroits, effilés au sommet en pointes aiguës.

J'ai pu observer nettement la fructification de cette espèce sur des empreintes bien conservées qui se trouvent à l'École des mines et qui proviennent vraisemblablement d'Eschweiler, près Aix-la-Chapelle. Les pinnules fertiles portent à leur face inférieure des capsules coriaces, allongées, rétrécies en pointe vers leur sommet, de $0^{mm},5o$ à $0^{mm},75$ de longueur sur $0^{mm},2o$ à $0^{mm},25$ de largeur; ces capsules ne sont pas soudées par groupes comme dans les *Asterotheca,* mais indépendantes; elles sont fixées sur les ramifications des nervures secondaires et allongées sur elles, exactement appliquées contre le limbe; une petite portion de la nervure sur laquelle elles sont couchées se montrant à leur base, elles paraissent parfois pédicellées. Quelques-unes m'ont semblé offrir la trace d'une ligne de déhiscence longitudinale, ce qui les rapprocherait encore des capsules d'*Angiopteris evecta,* auxquelles elles ressemblent singulièrement par leurs dimensions et par leur surface semblablement chagrinée, mais dont elles diffèrent par leur forme. Le nombre de ces capsules est en moyenne de seize sur chaque pinnule des échantillons que j'ai examinés; elles sont au nombre de trois à cinq sur les lobes inférieurs, les nervures secondaires y étant plusieurs fois ramifiées; sur les lobes supérieurs, elles sont rapprochées seulement par deux, et quelquefois même isolées, suivant que la nervure se divise ou reste simple; l'extrémité même des pinnules ne porte pas de capsules. Il en est de même de l'extrémité des pennes, qui paraît habituellement stérile, les divisions inférieures portant seules des fructifications. Le limbe des pinnules fertiles est légèrement contracté, de sorte qu'elles sont un peu plus étroites que leś autres. Ce mode de fructification, qui fait rentrer le *Pecopteris dentata* dans la famille des Marattiacées, m'a paru constituer un type nouveau; aussi ai-je cru devoir le décrire avec quelques détails.

Cette espèce se trouve aussi bien dans le terrain houiller moyen que dans le terrain houiller supérieur, mais elle ne paraît pas se continuer jusque dans les couches les plus élevées de celui-ci.

HOUILLER MOYEN.

BASSIN DU NORD ET DU PAS-DE-CALAIS. — *Raismes* : fosse Thiers, veine Printanière; f. Bleuseborne, dure veine. *Aniche.* (Nord.) — *Carvin. Dourges* : f. n° 2, v. n° 5. *Bully-Grenay* : f. n° 7, v. Christian. (Pas-de-Calais.)

HOUILLER SUPÉRIEUR.

BASSIN DE LA LOIRE. — *Montrond* (Rhône). — *Montbressieux. Rive-de-Gier. Comberigole. Saint-Chamond. La Chazotte. Montieux.* (Loire.) [GRAND'EURY.]

Langeac (Haute-Loire). [GRAND'EURY.]

Brassac (Puy-de-Dôme). [GRAND'EURY.]

La Mure (Isère). [GRAND'EURY.]

BASSIN D'ALAIS (Gard).

Prades (Ardèche). [GRAND'EURY.]

Saint-Perdoux (Lot). [GRAND'EURY.]

Carmaux (Tarn).

BASSIN DE DECAZEVILLE. — *La Vaysse* (Aveyron).

Bosmoreau (Creuse).

BASSIN D'AUTUN. — *Épinac* : étage inférieur. (Saône-et-Loire.) [GRAND'EURY.]

Ronchamp (Haute-Saône). [GRAND'EURY.]

Carling (Lorraine).

PECOPTERIS BIOTI. BRONGNIART.

Pecopteris Biotii. Brongniart, *Hist. végét. foss.*, I, p. 341, pl. CXVII, fig. 1.

Fronde tripinnée; rachis primaire large de 10 à 12 millimètres, finement ponctué. Pennes primaires alternes, longues de 15 à 20 centimètres, dressées, légèrement arquées, distantes de 2 à 4 centimètres d'un même côté de la fronde, chacune recouvrant la moitié inférieure de sa voisine, linéaires-lancéolées dans leur contour. Pennes secondaires alternes, étalées, très-serrées, distantes de 4 à 7 millimètres d'un même côté, empiétant les unes sur les autres, longues de 2 à 4 centimètres, ne se raccourcissant que vers les bords de la fronde. Pinnules larges de 1^{mm},5, longues de 1^{mm},5 à 3 millimètres, très-entières, arrondies au sommet, légèrement soudées les unes aux autres par leur base sur les pennes inférieures, se soudant de plus en plus sur les pennes supérieures. Nervure médiane nette, se prolongeant jusqu'au sommet des pinnules, émettant de chaque côté trois ou quatre nervures secondaires dressées, simples ou, plus rarement, bifurquées.

Au point d'insertion de chaque penne, le rachis primaire porte, du moins dans les portions inférieures de la fronde, une expansion foliacée membraneuse, souvent palmée à la base, divisée en segments pinnés à dents aiguës, mais moins finement découpée que dans l'espèce précédente, et qui s'étend de l'insertion d'une penne jusqu'à la base de la penne voisine, de sorte que le rachis est complétement couvert.

Cette espèce se distingue, en résumé, du *Pecopteris dentata* surtout par ses pinnules plus petites, plus serrées, et par le rapprochement plus grand des pennes primaires comme des pennes secondaires.

Elle est particulière au terrain houiller supérieur,

HOUILLER SUPÉRIEUR.

Bassin de la Loire. — *Treuil :* 2e couche. *Cros. Méons. Roche-la-Molière :* couche du Sagnat. *Montsalson. Montrambert.* (Loire.) [Grand'Eury.]

Grosmesnil (Haute-Loire). [Grand'Eury.]

La Mure (Isère).

Bassin d'Alais. — *Portes* (Gard). [Grand'Eury.]

Carmaux (Tarn). [Grand'Eury.]

Bassin de Decazeville. — *Paleyrets* (Aveyron).

Cublac (Dordogne). [Grand'Eury.]

Argentat (Corrèze).

Bosmoreau. [Grand'Eury.] *Ahun.* (Creuse.)

Decize (Nièvre). [Grand'Eury.]

Commentry : couche des Pourrats, couche du Marais. (Allier.) [Grand'Eury.]

Saint-Pierre-Lacour (Mayenne).

Saint-Nazaire (Var). [Grand'Eury.]

PECOPTERIS PLUCKENETI. Schlotheim (sp.).

(Atlas, pl. CLXVIII, fig. 1 et 2.)

Filicites Pluckenetii. Schlotheim, *Petrefactenkunde*, p. 410. *Fl. der Vorw.*, pl. X, fig. 19.
Pecopteris Plukenetii. Sternberg, *Ess. Fl. monde prim.*, I, fasc. 4, p. xix.
Pecopteris Pluckenetii. Brongniart, *Hist. végét. foss.*, I, p. 335, pl. CVII, fig. 1 à 3.

Fronde tripinnée; rachis épais, strié longitudinalement; pennes primaires à contour ovale-lancéolé, distantes, d'un même côté de la fronde, de 6 à 12 centimètres, empiétant les unes sur les autres; pennes secondaires alternes, assez étalées, longues de 6 à 12 centimètres. Pinnules alternes, de forme variable suivant la portion de la fronde à laquelle elles appartiennent, généralement à cinq, parfois à sept ou à trois lobes, ou tout à fait entières, attachées par toute la largeur de leur base et habituellement un peu soudées les unes aux autres, longues de 4 à 10 millimètres, larges de 3 à 7 millimètres, se rétrécissant à leur sommet, ne diminuant de longueur que vers le bout des pennes. Lobes des pinnules arrondis, très-convexes sur la face supérieure, séparés par des crénelures peu profondes. Les pinnules sont d'autant plus divisées qu'elles appartiennent à des divisions plus inférieures de la fronde. Nervure médiane assez nette, un peu décurrente à la base sur le rachis, émettant des nervures secondaires souvent peu distinctes, qui se détachent obliquement au-dessous de la base de chaque lobe et s'y subdivisent en nervules simples ou bifurquées, légèrement arquées, naissant elles-mêmes sous des angles aigus. Dans les pinnules entières, la nervure médiane émet de chaque côté trois ou quatre nervures secondaires qui se divisent une ou deux fois par dichotomie.

Cette espèce me paraît particulière au terrain houiller supérieur, dans lequel elle n'est pas rare; peut-être se montre-t-elle déjà vers le haut du terrain houiller moyen, mais je n'en ai pas vu d'échantillons certains de ce niveau.

HOUILLER SUPÉRIEUR.

Bassin de la Loire.— *Communay* (Isère). — *Grand'Croix. Lorette. Comberigole. Treuil :* 2ᵉ couche. *Côte-Chaude. La Porchère :* 14ᵉ couche. *Montieux :* 7ᵉ couche. *Villars. Chanay. Saint-Priest. La Barallière :* puits du Crêt. *Roche-la-Molière. La Béraudière. La Malafolie :* p. du Ban. (Loire.) [Grand'Eury.]

La Mure (Isère). [Grand'Eury.]

Bassin d'Alais. — *Bessèges* (Gard). [Grand'Eury.]

Graissessac. Neffiez. (Hérault.) [Grand'Eury.]

Prades (Ardèche). [Grand'Eury.]

Saint-Perdoux (Lot). [Grand'Eury.]

Carmaux (Tarn).

Bassin de Decazeville. — *La Vaysse. Paleyrets.* (Aveyron.)

Cublac. Peyrignac. (Dordogne.)

Ahun (Creuse).

Commentry : grande couche. (Allier.)

Bassin de Saône-et-Loire. — *Blanzy :* couches de couronnement. [Grand'Eury.]

Littry (Calvados). [Grand'Eury.]

PECOPTERIS POLYMORPHA. Brongniart.

(Atlas, pl. CLXIX, fig. 1, 2 et 3.)

Pecopteris polymorpha. Brongniart, *Hist. végét. foss.*, I, p. 331, pl. CXIII.

Fronde tripinnée; rachis primaire large de 3 à 4 centimètres, finement strié dans le sens longitudinal; pennes primaires alternes, se détachant sous des angles de 45 à 70°, distantes, d'un même côté de la fronde, de 12 à 20 centimètres, se touchant par leurs bords, atteignant une longueur de 50 centimètres et plus; pennes secondaires alternes, assez étalées, longues de 5 à 10 centimètres, distantes, d'un même côté, de 12 à 20 millimètres, empiétant un peu les unes sur les autres. Pinnules alternes, de formes et de dimensions légèrement variables, larges de 2 à 4 et 5 millimètres, longues de 5 à 15 millimètres, un peu contractées à la base, à bords parallèles, arrondies au sommet, contiguës, toutes égales, diminuant seulement de longueur vers le bout des pennes, les pinnules extrêmes très-petites, légèrement soudées les unes aux autres. A la base de la fronde, les pinnules sont très-grandes, munies sur le bord de crénelures arrondies peu profondes; dans la partie moyenne, elles sont un peu moins grandes et très-entières; au haut de la fronde, elles deviennent plus petites, et sur les dernières pennes se soudent les unes aux autres pour former de nouveau des pinnules crénelées. Nervure médiane très-nette, assez forte, émettant un assez grand nombre de nervures secondaires, souvent bifurquées dès la base, à branches simples ou dichotomes, faisant avec la nervure médiane des angles de 45 à 50°.

12.

Fructification de *Scolecopteris*; capsules longues de 3 à 4 millimètres, très-aiguës, arquées, réunies par groupes de quatre, généralement rabattues en travers sur les empreintes; groupes de capsules disposés sur deux lignes, de part et d'autre de la nervure médiane. Pinnules fructifères épaisses, à bord généralement recourbé en dessous; les divisions inférieures des pennes paraissent porter seules des fructifications, les pinnules supérieures des pennes secondaires et les divisions supérieures des pennes primaires restant généralement stériles.

Cette espèce est propre au terrain houiller supérieur; elle y est extrêmement répandue.

HOUILLER SUPÉRIEUR.

BASSIN DE LA LOIRE. — *Communay* (Isère). — *Montrond* (Rhône). — *Rive-de-Gier. Treuil :* 2ᵉ couche. *Côte-Thiollière* : 3ᵉ couche. *Montaud :* 5ᵉ couche. *Quartier-Gaillard :* 6ᵉ couche. *Montieux :* 7ᵉ couche. *La Barallière. Méons :* 8ᵉ couche. *Villars :* puits Beaunier. *Roche-la-Molière. La Porchère. Chanay :* 13ᵉ couche. *La Béraudière. La Malafolie.* (Loire.) [GRAND'EURY.]

Sainte-Foy-l'Argentière (Rhône). [GRAND'EURY.]

Brassac (Puy-de-Dôme).

La Mure (Isère).

Prades (Ardèche): [GRAND'EURY.]

BASSIN D'ALAIS. — *Bessèges. Molière.* [GRAND'EURY.] *La Grand'Combe. Saint-Jean-de-Valériscle.* (Gard.)

Neffiez. [GRAND'EURY.] *Graissessac.* (Hérault.)

Carmaux (Tarn).

BASSIN DE DECAZEVILLE. — *La Vaysse. Bourran.* (Aveyron.) [GRAND'EURY.]

Cublac. Peyrignac. Châtres. (Dordogne.)

Le Cayre, près Brive. *Pont-de-Larche.* (Corrèze.)

Champagnac (Cantal). [GRAND'EURY.]

Ahun. Bosmoreau. (Creuse.)

Decize (Nièvre).

Commentry : couche des Pourrats; couche du Marais. *Montet-aux-Moines. Buxière-la-Grue. Bert.* (Allier.) [GRAND'EURY.]

La Chapelle-sous-Dun (Saône-et-Loire). [GRAND'EURY.]

BASSIN DE SAÔNE-ET-LOIRE. — *Saint-Bérain. Blanzy :* grande couche supérieure. [GRAND'EURY.] *Montchanin.* (Saône-et-Loire.)

Ronchamp (Haute-Saône).

Littry (Calvados). [GRAND'EURY.]

PECOPTERIS ARGUTA. Sternberg.

(Atlas, pl. CLXVI, fig. 5 et 6.)

An **Filicites fœminæformis.** Schlotheim, *Petrefactenkunde,* p. 407. *Fl. der Vorw.,* pl. IX ,
  fig. 16 ?

An **Pecopteris arguta.** Sternberg, *Ess. Fl. monde prim.,* I, fasc. 4, p. xix ?

Pecopteris arguta. Brongniart, *Dict. sc. nat.,* t. LVII, p. 66. *Hist. végét. foss.,* I, p. 303, pl. CVIII,
  fig. 3 et 4.

Polypodites elegans. Gœppert, *Syst. Filic. foss.,* p. 344, pl. XV, fig. 10.

Goniopteris arguta. Schimper, *Traité de paléont. végét.,* I, p. 543.

Fronde tripinnĕe; rachis secondaires larges de 5 à 7 millimètres, présentant sur leur face supérieure une côte longitudinale assez accentuée et marqués de très-fines ponctuations correspondant apparemment à des écailles ;
pennes secondaires alternes, se détachant sous des angles de 50 à 90°,
suivant qu'elles sont placées du côté supérieur ou du côté inférieur d'une
penne primaire, longues de 12 à 15 centimètres, distantes, d'un même côté
du rachis, de 25 à 30 millimètres, se touchant par leurs bords ou empiétant
légèrement l'une sur l'autre. Pinnules alternes, étalées à angle droit sur le
rachis, parfois même un peu réfléchies en arrière, longues de 10 à 15 et
20 millimètres, larges de $2^{mm},5$ à 3 millimètres, à bord denté en scie, contiguës, soudées entre elles à la base, toutes égales, ne diminuant de longueur
qu'au bout des pennes. Nervure médiane très-forte; nervures secondaires
saillantes, alternes, au nombre de six à sept de chaque côté de la nervure
principale, toujours simples, se détachant de la nervure médiane sous des
angles de 25 à 30° et aboutissant au sommet des dents. Les deux nervules les plus basses de chaque pinnule aboutissent aux points de soudure
des deux pinnules voisines et s'y rencontrent, par conséquent, avec la nervule
inférieure de celles-ci, formant avec elle et la portion de rachis comprise
entre les deux pinnules consécutives un triangle à peu près équilatéral.

Je me suis assuré, par l'examen du type conservé dans les collections du
Muséum et qui provient de Ronchamp, que l'espèce de Brongniart avait
positivement les pinnules dentelées, bien que les figures 3 et 4, pl. CVIII,
de l'*Histoire des végétaux fossiles* indiquent des pinnules entières ou à peine
crénelées sur les bords. Mais je doute un peu qu'il y ait identité avec le

Filicites fœminæformis, la figure 16, pl. IX, du *Flora der Vorwelt* paraissant indiquer des pinnules rétrécies en coin vers la base et non soudées les unes aux autres. Si l'identité était établie, il faudrait revenir au nom spécifique de Schlotheim, qui a incontestablement la priorité; au contraire, s'il était démontré que ce sont deux espèces distinctes, il faudrait adopter le nom d'*elegans,* proposé pour ce motif par Gœppert, pour la plante décrite et figurée par Brongniart, le nom spécifique d'*arguta* étant appliqué par Sternberg au *Filicites fœminæformis.* Ce nom d'*arguta* devra donc être abandonné en tout cas; mais je l'ai conservé ici, ne pouvant trancher la question, qu'il faudrait d'abord résoudre, de savoir si l'espèce de Schlotheim et celle de Brongniart sont identiques ou sont distinctes.

Cette espèce est spéciale au terrain houiller supérieur et s'y rencontre assez fréquemment.

HOUILLER SUPÉRIEUR.

Bassin de la Loire. — *Montrond* (Rhône), — *Saint-Jean-de-Toulas. Montaud :* puits Rolland. *Méons. Treuil :* 2ᵉ couche. *Roche-la-Molière :* p. Palluat, p. Neyron. *Saint-Étienne :* 8ᵉ couche. *La Barallière :* 9ᵉ à 12ᵉ couche. *La Porchère :* 15ᵉ couche. *La Béraudière :* p. Saint-Joseph. *Unieux :* p. Pété. (Loire.) [Grand'Eury.]

Sainte-Foy-l'Argentière (Rhône). [Grand'Eury.]

Grosmesnil (Haute-Loire).

Saint-Éloy (Puy-de-Dôme). [Grand'Eury.]

Bassin d'Alais. — *Bessèges. La Grand'Combe :* Champclauson. *Portes.* (Gard.) [Grand'Eury.]

Carmaux (Tarn). [Grand'Eury.]

Bassin de Decazeville. — *La Vaysse. Paleyrets.* (Aveyron.)

Cublac (Dordogne).

Decize (Nièvre).

Commentry : couche du Marais. (Allier.) [Grand'Eury.]

Bassin de Saône-et-Loire. — *Saint-Bérain. Blanzy :* couches de couronnement. [Grand'Eury.]

Ronchamp (Haute-Saône).

Saint-Pierre-Lacour (Mayenne).

Genre anomal.

Genre APHLEBIA. Presl.

Aphlebia. Presl, in Sternberg, *Ess. Fl. monde prim.*, II, fasc. 7 et 8, p. 112.
Schizopteris. Auct., *non* Brongniart.
Rhacophyllum. Schimper, *Traité de paléont. végét.*, I, p. 684.

Frondes pinnées ou pinnatifides, présentant à leur surface l'empreinte de fibres très-fines, irrégulières, extrêmement nombreuses, plus ou moins nettes, simples ou divisées, qui les parcourent sur toute leur étendue, ou parfois se concentrent vers la région moyenne, mais sans qu'on puisse distinguer un limbe et un rachis véritables. Lobes de la fronde généralement dentés, à divisions aiguës.

Le nom d'*Aphlebia*, donné par Presl à ce groupe de plantes, me paraît devoir être conservé, comme ayant la priorité, malgré l'idée fausse, qu'il donne, de l'absence de nervures, et qui résulte d'une erreur de l'auteur. Les noms génériques, comme les noms spécifiques, ne peuvent en effet être considérés comme devant définir les caractères des objets auxquels ils s'appliquent; ils seraient alors exposés à des changements trop fréquents, tandis qu'ils doivent rester immuables. Quant au nom de *Schizopteris*, c'est à tort qu'on l'a étendu à d'autres plantes que celle pour laquelle Brongniart avait créé ce genre et qui en est restée l'unique espèce, ainsi que son auteur l'a fait observer lui-même dans son *Tableau des genres de végétaux fossiles*.

APHLEBIA CRISPA. Gutbier (sp.).

Fucoides crispus. Gutbier, *Abdr. und Verst. des Zwick. Schwarzkohl.*, p. 13, pl. I, fig. 11; pl. VI, fig. 18.
Aphlebia crispa. Presl, in Sternberg, *Ess. Fl. monde prim.*, II, fasc. 7 et 8, p. 112.
Schizopteris lactuca. Germar, *Verstein. des Steink. von Wettin und Löbejün*, p. 45, pl. XVIII et XIX; *non* Presl?.

Fronde de grande dimension, à contour général ovale-lancéolé, longue de 25 à 35 centimètres, large de 12 à 18 centimètres. Axe longitudinal formé d'une bande foliacée large de 2 à 3 centimètres à la base, s'amincissant peu à peu vers le sommet et émettant une série de lobes alternes, contigus, empiétant les uns sur les autres, longs de 3 à 8 centimètres sur 2 à 4 centimètres de largeur dans leur milieu, constitués eux-mêmes par une bande foliacée, large de 5 à 10 millimètres, se détachant de l'axe principal presque tangentiellement, puis arquée et divisée de même à son tour en lobes pinnatifides, à dents aiguës, mais peu profondes. Fronde paraissant avoir eu une consistance épaisse, crispée sur les bords. Nervation peu distincte, constituée par des fibres très-fines, excessivement nombreuses, peu régulières, qui occupent toute la largeur de l'axe principal et des axes secondaires et forment, seulement dans les divisions des lobes primaires, des groupes plus distincts, qui se subdivisent pour envoyer des rameaux dans les dents des lobes, mais sans que ces rameaux se réduisent jamais à un faisceau unique, comme ceux qui constituent les nervures dans les Fougères véritables.

On n'a jamais trouvé de fructifications pouvant se rapporter à cette espèce; peut-être faut-il faire quelques réserves sur sa place dans la classe des Fougères.

Cette espèce est généralement désignée aujourd'hui sous le nom de *Schizopteris lactuca* que lui a attribué Germar, réunissant à l'*Aphlebia crispa* le *Schizopteris lactuca* de Presl, que cet auteur avait cependant eu quelque raison, sans doute, pour regarder comme distinct; mais, comme Presl n'a jamais figuré son *Schizopteris lactuca*, il est difficile de savoir si cette réunion est fondée ou non, et, en tout cas, le nom spécifique de Gutbier ayant la priorité, c'est à tort qu'il a été abandonné.

L'*Aphlebia crispa* se rencontre dans le terrain houiller supérieur et dans le terrain houiller moyen, mais je ne l'ai observé dans ce dernier que dans des couches qui paraissent appartenir à sa portion supérieure.

HOUILLER MOYEN.

Bassin du Pas-de-Calais. — *Bully-Grenay* : fosse n° 7, veine Christian. *Nœux* : f. n° 1, v. Saint-Augustin.

HOUILLER SUPÉRIEUR.

Bassin de la Loire. — *Rive-de-Gier. Lorette. Saint-Priest. Treuil* : 2ᵉ couche. *Montaud.*

La Baralliè re : 8ᵉ couche. *Roche-la-Molière. Villebœuf. La Porchère :* 17ᵉ couche. (Loire.) [Grand'Eury.]

Bassin d'Alais. — *Bessèges. Molière. La Grand'Combe :* montagne Sainte-Barbe. (Gard.) [Grand'Eury.]

Bassin de Decazeville. — *Paleyrets* (Aveyron).

Cublac (Dordogne).

Bosmoreau. [Grand'Eury.] *Ahun.* (Creuse.)

La Chapelle-sous-Dun. Épinac. (Saône-et-Loire.) [Grand'Eury.]

APHLEBIA PINNATA. Grand'Eury (sp.).

Schizopteris pinnata. Grand'Eury, *Flore carbonifère du départ. de la Loire,* p. 200, pl. XVII, fig. 1.

Axe principal de la fronde large de 8 à 10 millimètres, présentant l'apparence d'un rachis véritable, strié en long par de nombreuses fibres très-fines, et émettant de part et d'autre des rameaux alternes, parfois presque opposés, distants d'un même côté de 10 à 15 millimètres, plus ou moins étalés, finement striés comme l'axe principal. Ces rameaux se divisent à leur tour en lobes alternes, pinnatifides, longs de 8 à 10 millimètres, larges de 4 à 5 millimètres. Ces lobes sont profondément déchiquetés, divisés en dents aiguës, crispés, et parcourus par des fibres très-fines réunies en faisceaux.

Les fructifications, composées de grappes de sporanges munis d'un anneau élastique longitudinal, prouvent que cette espèce appartient bien réellement à la classe des Fougères.

L'*Aphlebia pinnata* est spécial au terrain houiller supérieur.

HOUILLER SUPÉRIEUR.

Bassin de la Loire. — *La Chazotte. Treuil :* 2ᵉ couche. *Montaud. Montieux :* 8ᵉ couche. *Villars. Côte-Chaude. Méons.* (Loire.) [Grand'Eury.]

Cublac (Dordogne).

Ahun (Creuse).

Decize (Nièvre). [Grand'Eury.]

Commentry : couche du Marais. (Allier.) [Grand'Eury.]

Bassin de Saône-et-Loire. — *Saint-Bérain.* [Grand'Eury.]

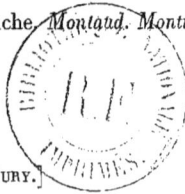

Troncs de Fougères[1].

Genre CAULOPTERIS. LINDLEY et HUTTON.

Caulopteris. Lindley et Hutton, *Foss. Fl. of Gr. Britain*, I, p. xlix.
Sigillaria, sect. **Caulopteris.** Brongniart, *Hist. végét. foss.*, I, p. 417 (pars).
Caulopteris. Corda, *Flora protogæa*, p. 76.
Stemmatopteris. Corda, *l. c.*, p. 76.

Troncs de Fougères arborescentes, marqués de cicatrices ovales, allongées dans le sens vertical, disposées en quinconce, séparées les unes des autres par des intervalles lisses, chagrinés ou verruqueux, parfois en partie effacées par de nombreux sillons longitudinaux, dus à l'impression des radicules adventives. Cicatrices pétiolaires présentant le plus souvent à leur intérieur une seconde cicatrice à peu près concentrique, habituellement fermée, et, à l'intérieur de celle-ci, une troisième, affectant le plus souvent la forme d'un V très-ouvert, ces deux dernières correspondant aux faisceaux vasculaires qui se rendaient dans le pétiole.

Il est probable, d'après la connexité de gisement, que les *Caulopteris* étaient les troncs de certains *Pecopteris*.

----

[1] Les troncs de Fougères dont l'organisation interne est conservée sont désignés sous le nom générique de *Psaronius* Cotta. Les *Psaronius*, lorsqu'ils sont complets, présentent en coupe transversale la section du cylindre ligneux, entouré de l'enveloppe des racines adventives. Ce cylindre, souvent un peu déformé, est constitué par des bandes vasculaires semi-cylindriques ou arquées et plus ou moins sinueuses, indépendantes les unes des autres et rangées en cercle autour de la masse médullaire centrale; elles sont quelquefois disposées en plusieurs cercles concentriques. Les radicelles offrent, sur la coupe transversale, une section circulaire ou elliptique; elles sont extrêmement nombreuses et forment sur cette coupe des mouchetures claires entourées d'une bordure foncée. Souvent on ne trouve que des fragments de l'enveloppe radiculaire, n'offrant pas de trace du cylindre ligneux.

Les *Psaronius* sont surtout connus à l'état silicifié; mais on les trouve aussi, ainsi que l'a montré M. Grand'Eury, dans les couches de grès houiller, présentant les parties ligneuses, les bandes vasculaires et les radicules, transformées en charbon et reconnaissables par l'ensemble de leur structure. C'est pourquoi je signale en passant ce mode de conservation des troncs de Fougères arborescentes, sans entrer dans plus de détails sur les caractères des *Psaronius*.

CAULOPTERIS PELTIGERA. Brongniart.

Sigillaria peltigera. Brongniart, *Dict. sc. nat.*, t. LVII, p. 72.
Sigillaria (Caulopteris) peltigera. Brongniart, *Hist. végét. foss.*, I, p. 417, pl. CXXXVIII.
Stemmatopteris peltigera. Corda, *Flóra protogæa*, p. 76.

Cicatrices elliptiques, de 60 à 80 millimètres de longueur, sur 45 à 55 millimètres de largeur, séparées l'une de l'autre dans le sens vertical par des intervalles de 10 à 20 millimètres de hauteur; axes des séries verticales de cicatrices distants les uns des autres de 5 à 6 centimètres. Cicatrice du faisceau vasculaire principal en forme d'ellipse allongée, longue de 4 à 5 centimètres, sur 20 à 25 millimètres de largeur, souvent un peu rétrécie vers la base; cicatrice du faisceau central placée au quart inférieur de l'axe vertical de la précédente, présentant la forme d'un arc très-légèrement concave vers le haut, long de 10 à 12 millimètres, et dont les deux extrémités se recourbent légèrement en dessous. Écorce finement chagrinée entre les cicatrices pétiolaires.

Cette espèce est spéciale au terrain houiller supérieur.

HOUILLER SUPÉRIEUR.

Bassin de la Loire. — *Treuil :* 2ᵉ couche. *Montaud :* 8ᵉ couche. *Reveux :* 13ᵉ couche. *La Béraudière. Montrambert :* puits Devillaine. (Loire.) [Grand'Eury.]
Bassin d'Alais. — *Bessèges.* [Grand'Eury.] *Robiac.* (Gard.)
Graissessac (Hérault). [Grand'Eury.]
Bassin de Décazeville. — *Paleyrets* (Aveyron). [Grand'Eury.]
Ahun. Bosmoreau. (Creuse.)
Decize (Nièvre). [Grand'Eury.]

CAULOPTERIS BAYLEI. Zeiller.

(Atlas, pl. CLXX, fig. 1.)

Cicatrices presque rondes, parfois même plus larges que hautes, ayant en moyenne 50 millimètres de hauteur sur 50 à 55 millimètres de largeur, séparées l'une de l'autre dans le sens vertical par des intervalles de 3 à 4 millimètres de hauteur; axes des séries verticales distants les uns des autres de 6 centimètres. Cicatrice du faisceau vasculaire principal de forme elliptique

13.

ou presque circulaire, haute de 30 à 35 millimètres sur 25 à 30 millimètres de largeur; cicatrice du faisceau central placée entre le quart et le tiers inférieur de l'axe vertical de la précédente, présentant la forme d'un arc concave vers le haut, long de 15 à 18 millimètres, avec les extrémités légèrement réfléchies vers le bas. Écorce marquée, entre les cicatrices pétiolaires, de nombreuses petites fossettes, rondes ou elliptiques, de 1 millimètre de diamètre, qui se présentent, naturellement, sur l'empreinte, sous forme de tubercules saillants.

Cette espèce est propre au terrain houiller supérieur.

HOUILLER SUPÉRIEUR.

BASSIN DE LA LOIRE. — *Saint-Étienne :* puits Rosand. (Loire.) *Saint-Pierre-Lacour* (Mayenne).

CAULOPTERIS PATRIA. GRAND'EURY.

Caulopteris peltigera? Zeiller, *Bull. Soc. géol. de France,* 3ᵉ série, t. III, p. 575, pl. XVII, fig. 4 ; *non* Brongniart.
Caulopteris patria. Grand'Eury, *Flore carbonifère du départ. de la Loire,* p. 87.

Cicatrices presque rondes, de 40 à 45 millimètres de hauteur sur 40 millimètres de largeur, séparées l'une de l'autre dans le sens vertical par des intervalles de 3 à 5 millimètres de hauteur seulement; axes des séries verticales distants les uns des autres de 55 à 60 millimètres. Cicatrice du faisceau vasculaire principal de forme elliptique ou circulaire, parfois presque hexagone à angles très-arrondis, haute de 30 millimètres sur 25 à 30 millimètres de largeur; cicatrice du faisceau central placée au tiers inférieur de l'axe vertical de la précédente, présentant la forme d'un trait horizontal presque rectiligne, long de 15 à 18 millimètres, très-légèrement concave vers le haut et réfléchi aux extrémités. Écorce lisse entre les cicatrices pétiolaires, mais marquée de fossettes verruqueuses, rondes ou ovales, de 4 à 6 millimètres de diamètre, réunies en nombre variable sur les bandes longitudinales qui séparent les files verticales de cicatrices. Ces fossettes paraissent correspondre à l'insertion des radicules qui descendaient, dans cette espèce, à l'intérieur de l'écorce.

Je me suis assuré, en examinant au Muséum les échantillons types de M. Grand'Eury, que c'était bien cette espèce que j'avais figurée en 1875, en lui attribuant, avec un certain doute, le nom de *Caulopteris peltigera*.

Elle est, comme les précédentes, particulière au terrain houiller supérieur.

HOUILLER SUPÉRIEUR.

BASSIN DE LA LOIRE. — *Saint-Étienne* : couches supérieures. (Loire.) [GRAND'EURY.]
Decize (Nièvre). [GRAND'EURY.]
Saint-Pierre-Lacour (Mayenne).

Genre PTYCHOPTERIS. CORDA.

Sigillaria, sect. **Caulopteris**. Brongniart, *Hist. végét. foss.*, I, p. 417 (pars).
Ptychopteris. Corda, *Flora protogæa*, p. 76.

Troncs de Fougères arborescentes, marqués de cicatrices ovales, disposées en quinconce, allongées dans le sens vertical, atténuées en pointe à l'une au moins de leurs extrémités et se reliant habituellement les unes aux autres, dans une même série verticale, par la prolongation de leur contour; cicatrice pétiolaire présentant à son intérieur une seconde cicatrice ovale, non concentrique, mais placée vers le haut, et se confondant souvent avec elle sur une partie de son contour; à l'intérieur de celle-ci et vers le haut, se trouve une troisième cicatrice, souvent peu distincte, en forme de V renversé plus ou moins ouvert; ces deux dernières cicatrices correspondent au passage des faisceaux vasculaires. Les cicatrices pétiolaires sont marquées de stries ou de sillons nombreux, irréguliers, dirigés à peu près verticalement, produits par l'impression des radicules adventives, et qui couvrent souvent aussi les portions de l'écorce comprises entre les cicatrices.

Ce genre me paraît bien caractérisé par l'excentricité de la cicatrice de l'anneau vasculaire par rapport à la cicatrice qui correspond au contour du pétiole.

Les *Ptychopteris* paraissent, par leur gisement connexe, avoir porté les frondes de certains *Pecopteris cyathoïdes*.

PTYCHOPTERIS MACRODISCUS. Brongniart (sp.).

· (Atlas, pl. CLXX, fig. 2.)

Sigillaria (Caulopteris) macrodiscus. Brongniart, *Hist. végét. foss.*, I, p. 418, pl. CXXXIX.
Ptychopteris macrodiscus. Corda, *Flora protogœa*, p. 76.

Cicatrices allongées, hautes de 7 à 9 centimètres sur 20 à 25 millimètres de largeur, étirées en pointe au moins à l'extrémité inférieure et se reliant les unes aux autres sur une même file verticale; axes des séries verticales distants les uns des autres de 30 à 35 millimètres. Cicatrice de l'anneau vasculaire ovale, haute de 50 à 60 millimètres, large de 20 millimètres environ, presque tangente au sommet de la cicatrice pétiolaire et se confondant presque avec elle sur la plus grande partie de son contour, distincte seulement vers le bas et se présentant sous la forme d'un arc concave vers le haut, dont les branches s'effacent peu à peu. Cicatrice du faisceau central placée vers le quart ou le tiers supérieur de la précédente, en forme de V renversé plus ou moins ouvert, à branches retroussées vers le haut. Cicatrices pétiolaires marquées de sillons longitudinaux qui s'étendent aussi sur les portions d'écorce comprises entre elles, mais y sont le plus souvent moins accentués.

Sur la figure 2 de la planche CLXX, la cicatrice du faisceau central n'est visible que sur la cicatrice pétiolaire la plus élevée de la série médiane, et encore est-elle peu marquée sur le dessin; mais je l'ai retrouvée plus nette sur d'autres parties du même échantillon, et elle s'observe aussi sur l'échantillon type de Brongniart, quoiqu'elle soit à peine indiquée sur la planche CXXXIX de l'*Histoire des végétaux fossiles*.

Cette espèce est spéciale au terrain houiller supérieur.

HOUILLER SUPÉRIEUR.

Bassin de la Loire. — *La Chazotte. Méons. Treuil :* 2ᵉ couche. *Montieux :* 8ᵉ couche. *Roche-la-Molière :* puits Palluat. *La Porchère :* 14ᵉ couche. *La Barallière. Montrambert :* 3ᵉ couche. (Loire.) [Grand'Eury.]

Sainte-Foy-l'Argentière (Rhône). [Grand'Eury.]

Bassin d'Alais. — *Bessèges. Molière.* (Gard.) [Grand'Eury.]

Graissessac (Hérault). [Grand'Eury.]

Bassin de Decazeville. — *Paleyrets. Firmy.* (Aveyron.) [Grand'Eury.]
Bosmoreau. [Grand'Eury.] *Ahun.* (Creuse.)
Decize (Nièvre). [Grand'Eury.]
Commentry : couche des Pourrats. (Allier.) [Grand'Eury.]
Saint-Pierre-Lacour (Mayenne).

Genre MEGAPHYTON. Artis.

Megaphyton. Artis, *Antedil. Phytology,* pl. XX.

Troncs de Fougères arborescentes, marqués de cicatrices ovales ou arrondies, disposées sur deux séries verticales diamétralement opposées. Cicatrices pétiolaires présentant à leur intérieur les cicatrices des faisceaux vasculaires; celles-ci de forme variable, présentant chez certaines espèces un contour fermé, parfois profondément déprimé, offrant chez d'autres la forme d'un arc plus ou moins recourbé à ses extrémités. Troncs marqués, surtout sur les portions de l'écorce comprises entre les deux bandes occupées par les cicatrices, de sillons nombreux, irréguliers, dirigés à peu près verticalement, et produits par l'impression des racines adventives.

On ignore à quelles frondes se rapportent les *Megaphyton.*

MEGAPHYTON SOUICHI. Zeiller.

(Atlas, pl. CLXX, fig. 3.)

Megaphytum giganteum. O. Feistmantel, *Palæontographica*, t. XXIII, p. 141, pl. XX, fig. 2 et 3; *an* pl. XXI? *non* Goldenberg.

Cicatrices ovales, allongées, hautes de 7 à 8 centimètres sur 3 à 4 centimètres de largeur, déprimées, arrondies au sommet, rétrécies et tronquées vers le bas, contiguës ou presque contiguës sur une même file verticale; cicatrice vasculaire en forme d'arc, concentrique au contour du sommet de la cicatrice pétiolaire et placée à une distance de 5 à 10 millimètres au-dessous de ce sommet, à branches descendant vers le bas et disparaissant peu à peu : elles semblent se rejoindre de manière à former un ovale fermé, mais je n'ai pu m'en assurer positivement; il paraît en outre y avoir deux autres traces vasculaires plus intérieures, situées de part et d'autre du grand axe de la cicatrice. Écorce marquée de fines stries correspondant sans doute à l'insertion d'écailles et présentant de plus, en dehors des séries de cicatrices, des sillons longitudinaux irréguliers, produits par l'impression des racines adventives.

Il me paraît certain que c'est à cette espèce que se rapportent les troncs figurés par M. O. Feistmantel dans son mémoire intitulé : *Die Versteinerungen der böhmischen Kohlenablagerungen;* en tout cas, ils ne peuvent appartenir au *Megaphyton giganteum* Goldenberg, dont les cicatrices sont presque deux fois plus grandes et beaucoup moins allongées proportionnellement à leur largeur. M. Feistmantel figure ces troncs dans un sens inverse de celui où j'ai placé la figure 3 de la planche CLXX; il me semble que la partie arrondie de la cicatrice pétiolaire doit plutôt être placée vers le haut, les deux branches de l'arc correspondant à une décurrence du pétiole ; cependant, sur l'échantillon même que j'ai figuré, la direction de certaines cicatricules, indiquant l'insertion des radicelles, semblerait confirmer plutôt l'opinion de M. Feistmantel.

Les couches dans lesquelles cette espèce a été trouvée en Bohême appartiennent peut-être à la base du terrain houiller supérieur ; je ne la connais, en France, que dans le terrain houiller moyen.

HOUILLER MOYEN.

BASSIN DU NORD. — *Raismes :* fosse du Chaufour, moyenne veine.

MEGAPHYTON MAC-LAYI. LESQUEREUX.

Megaphytum Mac-Layi. Lesquereux, *Geological Survey of Illinois,* t. II, p. 458, pl. XLVIII.

Cicatrices arrondies, ou plutôt en forme de carré à côtés et à angles arrondis, présentant une dépression plus ou moins forte au milieu du côté supérieur, hautes de 7 à 8 centimètres, larges de 8 à 10 centimètres, contiguës ou presque contiguës sur une même file verticale. Cicatrice vasculaire présentant la forme d'un cercle ou d'une ellipse très-peu aplatie, de 55 à 70 millimètres de diamètre horizontal, mais dont le contour s'interrompt près du sommet du diamètre vertical, pour redescendre à l'intérieur en deux branches parallèles qui se rejoignent vers le bas, formant ainsi un sinus en forme d'U, large de 7 à 8 millimètres et profond de 35 à 40 millimètres. De chaque côté de ce sinus, vers sa partie inférieure et à 10 ou 15 millimètres de l'axe vertical de la cicatrice, on remarque, en outre, une trace vasculaire présentant à peu près la forme d'un quart de cercle tournant sa convexité vers l'axe de la cicatrice et vers le bas. Écorce marquée de très-fines verrues, correspondant peut-être à des écailles, et, en outre, de mamelons arrondis ou ovales, de 3 à 4 millimètres de diamètre, correspondant aux racines adventives, qui marquent de sillons longitudinaux nombreux toute la portion du tronc comprise entre les deux séries de cicatrices pétiolaires.

Cette espèce est spéciale au terrain houiller supérieur.

HOUILLER SUPÉRIEUR.

Bassin de la Loire. — Cros. *La Barallière. Bois-Monzil.* (Loire.) [Grand'Eury.]
Bassin d'Alais. — *Bessèges. Molière.* (Gard.) [Grand'Eury.]
Ahun (Creuse).

4. Lycopodiacées.

Végétaux herbacés ou arborescents, à tige rampante ou dressée verticalement. Les tiges se ramifient par dichotomie, mais l'une des branches de la dichotomie demeure souvent prépondérante, de telle sorte qu'il semble alors qu'il y ait une tige principale et des rameaux secondaires. Feuilles toujours simples, munies d'une seule nervure, fréquemment linéaires ou linéaires-lancéolées, plus rarement ovales, aiguës au sommet, habituellement sessiles, très-souvent décurrentes le long des rameaux qui les portent. Dans certaines espèces, les feuilles sont dimorphes, les unes très-petites, appliquées sur la tige, les autres plus grandes et étalées, mais réparties toujours régulièrement, deux séries antérieures, par exemple, restant très-petites, et deux séries postérieures composées de feuilles plus développées. Les feuilles sont généralement disposées en spirale autour des rameaux, plus rarement en verticilles; elles sont d'ordinaire très-nombreuses et couvrent souvent par leurs bases d'attache, surtout dans les espèces fossiles, toute la surface des tiges et des rameaux.

Fructification en épis, composée de sporanges fixés sur la face supérieure des feuilles, presque à leur aisselle; quelquefois les sporanges sont portés sur des feuilles normales, beaucoup plus habituellement sur des feuilles transformées en bractées. Dans les espèces arborescentes, les épis de fructification

prennent la forme de cônes atteignant souvent des dimensions considérables
et analogues d'aspect aux cônes des sapins. Les spores renfermées dans les
sporanges sont tantôt toutes semblables et extrêmement petites, tantôt dimorphes dans une même espèce, les unes mâles et excessivement petites
(microspores), les autres femelles et assez grandes (macrospores). Les microspores et les macrospores se trouvent d'ordinaire dans le même épi, mais
sont contenues, comme chez les Rhizocarpées, dans des sporanges différents.

Le mode de ramification, sans parler des organes de fructification et de la
structure anatomique, qu'on ne peut observer que rarement, permet en
général de distinguer les rameaux de Lycopodiacées des rameaux de Conifères, avec lesquels ils ont souvent une grande analogie par la forme et la
disposition de leurs feuilles.

Les Lycopodiacées vivantes sont toutes herbacées et n'arrivent jamais à de
grandes dimensions; la plupart des Lycopodiacées houillères étaient arborescentes; leurs troncs atteignaient parfois et dépassaient même 30 mètres de
hauteur avec 3 à 4 mètres de diamètre. La classification en est basée sur le
mode d'attache des feuilles, sur la forme des mamelons qui les portaient et
des cicatrices qu'elles laissaient après leur chute.

Genre LEPIDODENDRON. Sternberg.

Lepidodendron. Sternberg, *Ess. Fl. monde prim.*, I, fasc. 1, p. 25; fasc. 4, p. x.
Sagenaria. Brongniart, *Classif. végét. foss.*, p. 9.

Tiges atteignant un diamètre considérable, présentant une écorce divisée
à la surface en mamelons plus ou moins saillants, de forme rhomboïdale à
angles latéraux arrondis, allongés dans le sens vertical, disposés en quinconce
et séparés par des sillons qui forment, en se croisant, un réseau parfaitement
régulier. Ces mamelons présentent, vers le tiers ou le quart supérieur de leur
axe vertical, une cicatrice correspondant à l'insertion de la feuille. Cette cicatrice foliaire a la forme d'un rhombe ou d'un carré à diagonale verticale;
l'angle supérieur est arrondi, l'angle inférieur se prolonge habituellement sur
le mamelon en une carène saillante, descendant jusqu'à son extrémité inférieure et plus ou moins ridée par des plis transversaux. De chacun des angles
latéraux part une ligne légèrement arquée vers le bas, qui va se raccorder

avec le contour du mamelon vers le milieu de sa hauteur. La cicatrice foliaire est munie de trois cicatricules disposées sur une même ligne horizontale, placée vers son centre ou un peu au-dessous; la cicatricule médiane, en forme d'arc concave vers le haut, beaucoup plus importante que les deux autres, correspond au passage du faisceau vasculaire qui se rendait dans la feuille; les deux autres sont ponctiformes et leur signification n'est pas encore bien connue. Les feuilles sont linéaires, aiguës, carénées, uninerviées; elles étaient décurrentes à la base sur le coussinet ou mamelon qui les portait, ainsi que l'indiquent les lignes partant des angles latéraux et inférieur de la cicatrice d'insertion.

La forme et la dimension des mamelons varient notablement suivant la dimension des tiges et des rameaux, c'est-à-dire suivant l'âge, dans une même espèce, ce qui rend la distinction des espèces assez difficile.

La ramification a lieu par dichotomie, c'est-à-dire que la division se fait toujours en deux branches de même valeur; mais souvent l'une des branches devient prépondérante, et l'autre prend alors l'apparence d'un rameau secondaire, comme dans l'échantillon représenté sur la planche CLXXI de l'Atlas.

Les *Lepidodendron* se rencontrent souvent dépouillés de leur écorce; leur surface se présente alors divisée en mamelons rhomboïdaux présentant au-dessus de leur centre une saillie plus ou moins forte, correspondant au passage du faisceau foliaire.

LEPIDODENDRON DICHOTOMUM. Sternberg.

(Atlas, pl. CLXXII, fig. 1.)

Lepidodendron dichotomum. Sternberg, *Ess. Fl. monde prim.*, I, fasc. 1, p. 20 et 25, pl. I et II, *non* pl. III.
Lepidodendron Sternbergii. Brongniart, *Dict. sc. nat.*, t. LVII, p. 91.

Mamelons rhomboïdaux, atteignant sur les tiges âgées une largeur de 10 à 15 millimètres avec une longueur double, assez peu saillants, à angles latéraux tout à fait arrondis. Cicatrice foliaire placée au quart supérieur de l'axe du mamelon, exactement rhomboïdale, allongée dans le sens horizontal, à angles latéraux d'environ 60°, à angles supérieur et inférieur arrondis. Carène du coussinet bien nette, mais peu saillante, marquée d'un petit

14.

nombre de plis transversaux peu accentués..Les lignes de décurrence partant des angles latéraux de la cicatrice foliaire se raccordent avec le contour du mamelon un peu au-dessus de son milieu. Cicatricule vasculaire en forme de croissant, placée au centre de la cicatrice foliaire, et flanquée à droite et à gauche de deux cicatricules ponctiformes.

Tiges et rameaux assez souvent ramifiés par dichotomie. Feuilles linéaires, longues de 15 à 40 millimètres, larges de $1^{mm},5$ à 2 millimètres à la base; très-serrées, plus ou moins étalées, raides, parfois un peu arquées. Sur les jeunes rameaux, les coussinets foliaires sont beaucoup moins allongés que sur les tiges et présentent une forme presque carrée.

J'ai cru devoir revenir pour cette espèce au nom primitif de Sternberg, la règle admise étant que, lorsqu'on subdivise une espèce d'un auteur, le nom spécifique donné par cet auteur doit être maintenu à l'une des espèces entre lesquelles elle se trouve divisée. Il est d'ailleurs évident que c'est pour la plante figurée sur sa planche I que Sternberg a créé le nom de *dichotomum*.

Cette espèce, répandue surtout dans le terrain houiller moyen, paraît se trouver encore à la base du terrain houiller supérieur.

HOUILLER MOYEN.

Bassin du Nord et du Pas-de-Calais. — *Fresnes :* fosse Bonnepart, veine Rapuroir. *Raismes :* f. Thiers, v. Meunière. *Aniche :* v. Jumelles; f. Saint-René, petite veine. (Nord.) — *Carvin :* f. n° 3, v. n° 3. *Courrières :* f. n° 1, v. de la Renaissance. (Pas-de-Calais.)

HOUILLER SUPÉRIEUR.

Bassin de la Loire. — *Montbressieux :* puits Sainte-Mélanie, 2ᵉ bâtarde. *Rive-de-Gier. Valfleury. Chapoulet.* (Loire.) [Grand'Eury.]
La Mure (Isère). [Grand'Eury.]
Bassin d'Alais. — *Bessèges* (Gard). [Grand'Eury.]
Neffiez (Hérault). [Grand'Eury.]

LEPIDODENDRON OBOVATUM. Sternberg.

Lepidodendron obovatum. Sternberg, *Ess. Fl. monde prim.,* I, fasc. 1, p. 21 et 25, pl. VI, fig. 1; pl. VIII, fig. 1 A, *a* et *b;* fasc. 4, p. x.

Mamelons ovales-rhomboïdaux, atteignant sur les tiges âgées 30 millimètres de longueur sur 12 à 13 millimètres de largeur, assez saillants, à angles latéraux arrondis et à côtés un peu flexueux. Cicatrice foliaire placée au tiers supérieur de l'axe du mamelon, de forme rhomboïdale, à angle supérieur arrondi, à angle inférieur souvent assez aigu et se prolongeant par une carène très-nette, habituellement dépourvue de plis transversaux. Les lignes de décurrence partant des angles latéraux de la cicatrice foliaire descendent rapidement vers le bas et se raccordent avec le contour du mamelon au-dessous seulement de son milieu. Cicatricule vasculaire allongée transversalement, placée au-dessous du centre et presque contre le bord inférieur de la cicatrice foliaire, flanquée d'ailleurs de deux cicatricules ponctiformes. Immédiatement au-dessous de la cicatrice foliaire, on remarque deux fossettes arrondies ou ovales, placées de part et d'autre de la carène, à 1 millimètre de distance de celle-ci, à surface souvent ponctuée ou chagrinée. Le mamelon est marqué, au-dessus de la cicatrice foliaire, d'un léger pli transversal, droit ou un peu arqué.

Sur les jeunes rameaux, les coussinets sont beaucoup moins allongés, proportionnellement à leur largeur.

Cette espèce me paraît spéciale au terrain houiller moyen.

HOUILLER MOYEN.

Bassin du Nord et du Pas-de-Calais. — *Vicoigne* : fosse n° 1, veine Saint-Louis, v. Saint-Nicolas. *Raismes* : f. du Chaufour, v. Filonnière. *Aniche* : f. Notre-Dame, v. de Layens. (Nord.) — *Carvin* : f. n° 3, v. n° 3 Sud. *Meurchin* : f. n° 1, v. n° 1. *Dourges* : f. n° 2. *Lens* : f. n° 2, v. Dumont; f. n° 4, v. Théodore. *Bully-Grenay* : f. n° 4, v. Sainte-Adeline; f. n° 3, v. n° 3. *Nœux* : f. n° 3, v. Saint-Marc. (Pas-de-Calais.)

LEPIDODENDRON ACULEATUM. Sternberg.

Lepidodendron aculeatum. Sternberg, *Ess. Fl. monde prim.*, I, fasc. 1, p. 21 et 25, pl. VI, fig. 2 ; pl. VIII, fig. 1 B, *a* et *b*; fasc. 4, p. x.

Mamelons rhomboïdaux allongés, atteignant sur les tiges âgées 40 à 50 millimètres de longueur sur 10 millimètres environ de largeur, très-saillants, à angles latéraux arrondis, à extrémités infléchies en sens inverses. Cicatrice foliaire placée un peu au-dessus du milieu de l'axe du mamelon, aussi haute que large, à angle supérieur arrondi, à côtés inférieurs un peu concaves vers le bas. Carène très-nette, marquée de plusieurs plis transversaux très-accentués. Les lignes de décurrence partant des angles latéraux de la cicatrice foliaire descendent rapidement vers le bas et se raccordent avec le contour du mamelon au-dessous de son milieu, vers le tiers ou le quart inférieur de sa hauteur. Cicatricule vasculaire allongée transversalement, placée au-dessous du centre de la cicatrice foliaire, flanquée de deux cicatricules ponctiformes. Immédiatement au-dessous de la cicatrice foliaire, le coussinet présente deux fossettes ovales placées de part et d'autre et très-près de la carène, à surface souvent ponctuée ou chagrinée. Au-dessus de la cicatrice foliaire, le mamelon est marqué d'un pli transversal, du milieu duquel part une carène saillante qui se prolonge jusqu'à l'extrémité supérieure du mamelon.

De même que la précédente, cette espèce me paraît propre au terrain houiller moyen.

HOUILLER MOYEN.

BASSIN DU NORD ET DU PAS-DE-CALAIS. — *Vicoigne* : fosse n° 1, grande veine, v. Sainte-Barbe, v. l'Abbaye, v. Saint-Nicolas. *Vieux-Condé* : f. Léonard, v. Neuf-Paumes. *Raismes* : f. Saint-Louis, v. n° 22, v. n° 24; f. du Chaufour, v. Filonnière. *Anzin* : f. Casimir-Périer, 1ʳᵉ veine du Sud; f. Renard, v. Président. *Aniche* : f. Saint-René, v. n° 7; f. Gayant, v. n° 2. *L'Escarpelle* : f. n° 4, v. n° 5. (Nord.) — *Dourges* : f. n° 2, v. l'Éclaireuse. *Lens* : f. n° 2, v. Désiré. *Bully-Grenay* : f. n° 3, v. Saint-Ignace; f. n° 5, v. Saint-Joseph; f. n° 7, v. Christian, v. Madeleine. *Bruay* : f. n° 1, v. Palmyre; f. n° 3, v. Paul. *Marles* : f. n° 3, v. Henriette, v. Louise. (Pas-de-Calais.)

BASSIN DU BAS-BOULONNAIS. — *Hardinghen* : f. Renaissance. *Ferques* : f. de Leulinghen. (Pas-de-Calais.)

LEPIDODENDRON VELTHEIMIANUM. STERNBERG.

(Atlas, pl. CLXXII, fig. 3 et 4[1].)

Lepidodendron Veltheimianum. Sternberg, *Ess. Fl. monde prim.*, I, fasc. 4, p. xii, pl. LII, fig. 3.

Mamelons rhomboïdaux allongés, assez saillants, atteignant sur les tiges âgées 15 et 20 millimètres de longueur sur 6 à 8 millimètres de largeur, à angles latéraux arrondis, à extrémités aiguës et un peu infléchies, séparés

---

[1] La figure 4 ne donne pas une idée exacte de la forme réelle des mamelons.

par des sillons d'une certaine largeur, atteignant o^mm,5 environ sur les jeunes tiges, et 1 à 2 millimètres sur les tiges âgées. Cicatrice foliaire placée à peu près au tiers supérieur de l'axe du mamelon, aussi haute que large, arrondie au sommet, à côtés inférieurs légèrement convexes. Carène peu nette, surtout sur les rameaux, plus prononcée sur les tiges âgées, marquée de plusieurs plis transversaux très-accentués, mais assez courts. Cicatricule vasculaire peu visible, placée vers le centre de la cicatrice, les autres indistinctes.

Tiges assez souvent ramifiées par dichotomie.

Cette espèce est spéciale au terrain houiller inférieur.

HOUILLER INFÉRIEUR.

Bischweiler, Niederburbach, près Thann. (Alsace.) — *Rougemont* (Haut-Rhin).
Anthracites de la Basse-Loire. [GRAND'EURY.]
Saint-Laurs (Vendée). [GRAND'EURY.]
Montjean (Maine-et-Loire).
Anthracites du Roannais : *Saint-Symphorien-de-Lay* (Loire). [GRAND'EURY.]

LEPIDODENDRON LYCOPODIOIDES. STERNBERG.

(Atlas, pl. CLXXI.)

Lepidodendron lycopodioides. Sternberg, *Ess. Fl. monde prim.*, I, fasc. 2, p. 29 et 35, pl. XVI, fig. 1, 2 et 4.
Lycopodiolites elegans. Sternberg, *l. c.*, fasc. 4, p. VIII.
Lepidodendron elegans. Brongniart, *Dict. sc. nat.*, t. LVII, p. 91. *Hist. végét. foss.*, II, pl. XIV.

Tiges paraissant ne pas atteindre de très-grandes dimensions; mamelons rhomboïdaux saillants, ayant une longueur triple environ de leur largeur, à extrémités aiguës, à angles latéraux arrondis. Cicatrice foliaire placée vers le tiers supérieur de l'axe du mamelon, rhomboïdale, souvent peu nette. Carène à peine sensible, marquée de plis transversaux nombreux très-prononcés, qui s'étendent jusqu'aux bords du mamelon. Cicatricules vasculaire et autres indistinctes.

Tiges fréquemment ramifiées par dichotomie, mais à branches souvent très-inégales. Feuilles longuement persistantes, larges de o^mm,5 à 2 millimètres, longues de 1 à 3 centimètres, marquées d'une nervure assez fine, étalées à la base, puis arquées et redressées vers le haut.

Cette espèce se rencontre dans le terrain houiller moyen et à la base du terrain houiller supérieur.

HOUILLER MOYEN.

Bassin du Nord. — *Raismes :* fosse Bleuse-Borne, veine Décadi. *Anzin :* f. Renard, v. Paul.

HOUILLER SUPÉRIEUR.

Bassin de la Loire. — *Montbressieux* (Loire). [Grand'Eury.]
La Mure (Isère). [Grand'Eury.]
Bassin d'Alais. — *Bessèges* (Gard). [Grand'Eury.]
Neffiez (Hérault). [Grand'Eury.]

LEPIDODENDRON GRACILE. Lindley et Hutton.

(Atlas, pl. CLXXII, fig. 2.)

Lepidodendron gracile. Lindley et Hutton, *Foss. Fl. of Gr. Britain*, I, pl. IX. — Brongniart, *Hist. végét. foss.,* II, pl. XV.

Rameaux grêles; mamelons rhomboïdaux assez saillants, ayant une longueur triple ou quadruple de leur largeur, à extrémités aiguës, à angles latéraux arrondis. Cicatrice foliaire placée au quart supérieur de l'axe du mamelon, aussi haute que large, à angle supérieur arrondi. Carène très-nette, présentant seulement quelques très-petits plis transversaux à peine distincts. Les lignes de décurrence partant des angles latéraux de la cicatrice foliaire se raccordent avec le contour du mamelon vers son milieu. Cicatricule vasculaire peu nette, placée vers le centre de la cicatrice foliaire.

Rameaux assez souvent divisés par dichotomie. Feuilles aiguës, longues de 15 à 20 millimètres sur les rameaux et larges de 1^{mm},5 à 2 millimètres à la base, plus longues sur les tiges, légèrement réfléchies à leur naissance, puis arquées et redressées vers le haut.

Cette espèce me paraît particulière au terrain houiller moyen.

HOUILLER MOYEN.

Bassin du Nord et du Pas-de-Calais. — *Annœullin* (Nord). — *Meurchin :* fosse n° 1, veines n° 1 et n° 2, (Pas-de-Calais.)

Genre LEPIDOPHLOIOS. Sternberg.

Lepidofloyos. Sternberg, *Ess. Fl. monde prim.*, I, fasc. 4, p. xiii.

Troncs garnis de feuilles portées sur des coussinets rhomboïdaux plus larges que hauts, charnus, très-saillants, imbriqués; feuilles attachées à la partie supérieure des coussinets, à base rhomboïdale. Cicatrice foliaire marquée de trois cicatricules ponctiformes placées sur une même ligne horizontale, la cicatrice médiane plus importante que les deux autres.

Les cicatrices foliaires, se projetant sur le tronc au-dessus de la base d'attache des coussinets qui les portaient, c'est-à-dire sur les portions latérales et basilaire des coussinets voisins, se trouvent habituellement, sur les empreintes, masquées en partie par la base ou les bords latéraux de ces coussinets; mais il est presque toujours facile de les dégager à l'aide d'un burin. Les coussinets eux-mêmes sont transformés en une lame charbonneuse assez épaisse, qui se détache par écailles irrégulières et contribue aussi à masquer les cicatrices foliaires.

LEPIDOPHLOIOS LARICINUS. Sternberg.

(Atlas, pl. CLXXII, fig. 5 et 6.)

Lepidodendron laricinum. Sternberg, *Ess. Fl. monde prim.*, I, fasc. 1, p. 23 et 25, pl. XI, fig. 2, 3 et 4.
Lepidofloyos laricinum. Sternberg, *l. c.*, I, fasc. 4, p. xiii.

Coussinets foliaires rhomboïdaux, larges de 10 à 12 millimètres, hauts de 5 à 7 millimètres, étroitement imbriqués; cicatrice foliaire rhomboïdale, large de 4 à 6 millimètres, haute de 2 à 3 millimètres, à angles supérieur et inférieur arrondis, à angles latéraux très-aigus, marquée au centre d'une cicatricule vasculaire flanquée de deux autres cicatricules plus petites. Au-dessous de la cicatrice foliaire, le coussinet porte habituellement sur sa ligne médiane une petite fossette ou cicatricule, correspondant peut-être à l'insertion d'une écaille. Le coussinet présente fréquemment une carène très-peu accentuée, verticale ou un peu oblique.

Cette espèce se rencontre dans le terrain houiller moyen et dans le ter-

IV.

rain houiller supérieur, mais elle ne paraît pas s'élever dans ce dernier au-dessus des couches inférieures ou peut-être moyennes.

HOUILLER MOYEN.

BASSIN DU NORD ET DU PAS-DE-CALAIS. — *Vieux-Condé* : fosse Léonard. *Annœullin.* (Nord.) [Abbé BOULAY.] — *Lens* : f. n° 4, veine François. *Bully-Grenay* : f. n° 3, v. Désiré. *Marles* : f. n° 3, v. Sainte-Eugénie. (Pas-de-Calais.)

HOUILLER SUPÉRIEUR.

BASSIN DE LA LOIRE. — *Combe-Plaine, Mouillon, Grézieux*, près Rive-de-Gier. (Loire.) [GRAND'EURY.]

Carmaux (Tarn). [GRAND'EURY.]

Genre ULODENDRON. LINDLEY et HUTTON.

Ulodendron. Lindley et Hutton, *Foss. Fl. of Gr. Britain*, I, p. 1.

Troncs couverts de feuilles longuement persistantes, imbriquées, à base rhomboïdale, carénées, uninerviées, aiguës au sommet, dressées et raides. Cicatrices vasculaires sous-corticales linéaires, allongées verticalement. Écorce fréquemment fissurée en long. Ces troncs présentent en outre de grandes dépressions circulaires, plus ou moins profondes, ombiliquées au centre, disposées sur deux files verticales diamétralement opposées, plus ou moins espacées sur une même file, ou parfois contiguës.

Plusieurs auteurs rattachent maintenant les *Ulodendron* aux *Lepidodendron ;* je ne crois pas devoir adopter cette manière de voir, du moins pour les *Ulodendron majus* et *Ulodendron minus ;* j'ai pu étudier notamment cette dernière espèce, à l'École des mines et au Muséum, sur des échantillons bien conservés provenant d'Eschweiler ; tous m'ont offert des feuilles étroitement imbriquées, à base rhomboïdale aussi large que haute, se rétrécissant un peu au-dessus de leur base, linéaires, carénées sur le dos, mais ne paraissant pas attachées sur des coussinets saillants comme celles des *Lepidodendron*. Sur les empreintes, ces troncs se montrent divisés en compartiments rhomboï-daux qui représentent simplement le moule de la base des feuilles, le pro-longement de celles-ci se trouvant engagé dans la roche et masqué par l'em-preinte de la base des feuilles voisines, ainsi qu'il est facile de s'en assurer en les dégageant à l'aide d'un burin. C'est ce qu'expriment, d'ailleurs, très-exactement les figures données par Rhode dans ses *Beiträge zur Pflanzenkunde der Vorwelt*, pl. III, fig. 1, et pl. VII, fig. 3, figures sur la première desquelles Sternberg a établi son *Lepidodendron ornatissimum* (*Ess. Fl. monde prim.*, I, fasc. 4, p. XII).

Je ne prétends pas, d'ailleurs, que toutes les Lycopodiacées à tronc muni de grandes dépressions circulaires doivent être séparées du genre *Lepidodendron* et qu'on ne puisse rencontrer des troncs de ce genre présentant cette particularité; elle existe, en effet, dans le genre *Bothrodendron*, dont les feuilles ont un mode d'insertion encore plus différent. Mais je crois à la raison d'être du genre *Ulodendron* comme genre spécial, distinct des *Lepidodendron* par le mode d'attache de ses feuilles.

ULODENDRON MINUS. Lindley et Hutton.

Ulodendron minus. Lindley et Hutton, *Foss. Fl. of Gr. Britain*, I, pl. VI.

Feuilles imbriquées, attachées par des écussons rhomboïdaux de 3 à 4 millimètres de longueur sur 2 à 3 millimètres de hauteur, exactement contigus; feuilles dressées, longues de 15 à 20 millimètres, linéaires, aiguës au sommet, munies sur le dos d'une carène saillante, qui descend jusqu'à l'angle inférieur de l'écusson d'attache. Cicatrices vasculaires sous-corticales disposées en quinconce, linéaires, longues de 2 à 3 millimètres. Troncs présentant deux séries verticales opposées de dépressions circulaires, profondes de 4 à 5 millimètres, ayant 20 à 40 millimètres de diamètre, ombiliquées et munies au centre d'une cicatrice arrondie; ces dépressions sont tantôt contiguës, tantôt plus ou moins espacées; elles sont généralement marquées de rides assez fortes rayonnant de leur centre, et portent, comme le reste de la tige, des restes des bases d'attache des feuilles, ou des cicatrices sous-corticales disposées en quinconce.

Cette espèce est spéciale au terrain houiller moyen; je crois devoir lui rapporter, mais avec quelque réserve, deux troncs du bassin houiller du Nord et du Pas-de-Calais, provenant, l'un d'*Aniche*, fosse Saint-René, veine n° 7 (Nord), l'autre de *Courrières*, fosse n° 4, veine Sainte-Barbe (Pas-de-Calais); mais leur état de conservation n'était pas assez parfait pour permettre une détermination absolument précise.

Genre BOTHRODENDRON. Lindley et Hutton.

Bothrodendron. Lindley et Hutton, *Foss. Fl. of Gr. Britain*, II, pl. LXXX.

Troncs marqués de cicatrices foliaires extrêmement petites, de forme rhomboïdale à angles arrondis, disposées en quinconce et surmontées chacune d'une cicatricule arrondie correspondant vraisemblablement à l'insertion d'une écaille. Cicatrice foliaire munie de trois cicatricules, l'une centrale, les deux autres placées de part et d'autre et un peu au-dessous. Les gros troncs présentent en outre de grandes dépressions circulaires, concaves, plus ou moins profondes, disposées sur deux files verticales diamétralement opposées.

BOTHRODENDRON PUNCTATUM. Lindley et Hutton.

Bothrodendron punctatum. Lindley et Hutton, *Foss. Fl. of Gr. Britain*, II, pl. LXXX et LXXXI; III, pl. CCXVIII.
Ulodendron Lindleyanum. Presl, in Sternberg, *Ess. Fl. monde prim.*, II, fasc. 7 et 8, p. 185.
Ulodendron Schlegelii. Eichwald, *Urwelt Russlands*, fasc. 1, p. 81, pl. III, fig. 4.

Troncs de 15 à 20 centimètres de diamètre. Cicatrices foliaires arrondies ou plutôt en forme de carré à côtés convexes, à diagonale verticale, ayant environ 3/4 de millimètre de diamètre, disposées en quinconce, espacées de 4 à 5 millimètres, marquées de trois cicatricules ponctiformes excessivement petites, l'une au centre, les deux autres un peu plus bas, très-rapprochées et à peine distinctes. Chaque cicatrice foliaire est surmontée d'une autre cicatricule arrondie placée immédiatement contre son bord supérieur, et atteignant au plus 1/4 de millimètre de diamètre. Écorce très-finement chagrinée et ponctuée, se séparant en feuillets extrêmement minces; cicatrices sous-corticales ponctiformes.

Troncs marqués, en outre, de grandes dépressions à contour surélevé, circulaires ou ovales, un peu allongées dans le sens vertical, de 9 à 12 centimètres de diamètre, profondes de 15 à 20 millimètres, marquées d'une cicatrice au point le plus profond. Cette cicatrice est habituellement placée au-dessous du centre, vers le quart inférieur de l'axe vertical de la dépression. Les parois de celle-ci sont marquées des mêmes cicatrices foliaires que le reste du tronc, mais en partie effacées, et elles présentent en outre des sillons rayonnants partant de la cicatrice centrale. Ces grandes dépressions sont disposées en file verticale et sont distantes l'une de l'autre, sur la même file, de 15 à 25 et 30 centimètres. Il est probable qu'elles correspondent à l'insertion de grands cônes de fructification dont la base a été entourée par l'écorce et a laissé sur celle-ci l'impression, sous forme de sillons rayonnants, des feuilles ou des écailles dont elle était munie.

L'École des mines possède un fragment de tronc de cette espèce, long de 75 centimètres, provenant de Meurchin, sur une partie duquel l'écorce est parfaitement conservée et présente des cicatrices foliaires très-nettes. J'ai pu reconnaître exactement leur forme et leur organisation, et me convaincre qu'elles n'avaient aucune analogie avec celles des *Lepidodendron* ni des *Ulodendron;* c'est donc avec juste raison que Lindley et Hutton avaient créé un genre à part pour cette espèce, que divers auteurs ont réunie depuis aux *Ulodendron,* en supposant que les auteurs du *Fossil Flora of Great Britain* n'avaient eu sous les yeux, malgré l'indication contraire qu'ils donnent, qu'un tronc décortiqué.

Le *Bothrodendron punctatum* est propre au terrain houiller moyen.

HOUILLER MOYEN.

Bassin du Nord et du Pas-de-Calais. — *Vicoigne* (Nord). — *Meurchin* : fosse n° 1, veine n° 1. (Pas-de-Calais.)

BOTHRODENDRON MINUTIFOLIUM. Boulay (sp.).

Rhytidodendron minutifolium. N. Boulay, *Le terrain houiller du Nord de la France et ses végét. foss.,* p. 39, pl. III, fig. 1 et 1 *bis.*

Tiges de 3 à 8 centimètres de diamètre. Cicatrices foliaires rhomboïdales à angle supérieur tout à fait arrondi, larges de 1 millimètre à 1^{mm},5, hautes de 0^{mm},75 à 1 millimètre, disposées en quinconce, distantes de 8 à 10 millimètres, marquées de trois cicatricules ponctiformes, l'une un peu au-dessus du centre, les deux autres plus petites, placées de part et d'autre de celle-ci à la même hauteur ou très-peu au-dessous. Chaque cicatrice foliaire est surmontée d'un très-petit mamelon légèrement saillant, placé contre son bord, et marqué d'une cicatricule ponctiforme. Écorce très-finement chagrinée et ridée transversalement, se détachant par feuillets très-minces et présentant au-dessous de chaque cicatrice foliaire une légère saillie allongée verticalement, longue de 10 à 15 millimètres, produite sans doute par le passage sous l'écorce du faisceau vasculaire qui se rendait à la feuille.

On n'a pas observé sur cette espèce, dont on ne connaît, il est vrai, que d'assez petites tiges, les grandes dépressions circulaires qui ont motivé pour l'espèce précédente le choix du nom générique de *Bothrodendron;* néanmoins, il ne me paraît pas qu'on doive la placer dans un genre spécial, la forme et l'organisation de ses cicatrices foliaires, ainsi que les caractères de son écorce, indiquant avec le *Bothrodendron punctatum* la plus étroite affinité.

Cette espèce n'est connue que dans le terrain houiller moyen.

HOUILLER MOYEN.

BASSIN DU NORD ET DU PAS-DE-CALAIS. — *Raismes :* fosse du Chaufour, moyenne veine, v. Laitière. (Nord.) = *Fresnes :* f. Bonnepart. *Anzin :* f. Saint-Marc. *Aniche :* f. Saint-Louis. (Nord.) — *Vendin :* f. n° 2. (Pas-de-Calais.) [Abbé BOULAY.]

Genre KNORRIA. STERNBERG.

Knorria. Sternberg, *Ess. Fl. monde prim.*, I, fasc. 4, p. XXXVII.

Tiges décortiquées, couvertes de mamelons cylindriques aplatis, plus ou moins saillants, assez longs, effilés vers le sommet, souvent tronqués, appliqués sur la surface de la tige parallèlement à son axe, légèrement arqués vers le haut. La surface extérieure de l'écorce, quand elle est conservée, se montre marquée de cicatrices arrondies disposées en quinconce.

Tiges se ramifiant par dichotomie.

Plusieurs auteurs regardent les *Knorria* comme représentant simplement un mode de conservation particulier des *Lepidodendron;* mais, malgré certaines analogies, je ne puis admettre cette opinion, n'ayant jamais vu sur les *Lepidodendron* décortiqués les mamelons cylindriques allongés des *Knorria,* et ayant observé au contraire, comme je vais l'indiquer pour le *Knorria imbricata,* que les tiges munies de leur écorce portent des cicatrices différentes de celles des *Lepidodendron.*

KNORRIA IMBRICATA. Sternberg.

Lepidolepis imbricata. Sternberg, *Ess. Fl. monde prim.*, I, fasc. 3, p. 44, pl. XXVII.
Knorria imbricata. Sternberg, *l. c.*, fasc. 4, p. xxxvii.

Mamelons saillants, larges à la base de 4 à 5 millimètres et quelquefois un peu plus, très-rapprochés, imbriqués, appliqués sur la tige, et le plus souvent tronqués; atteignant, quand ils sont entiers, jusqu'à 5 et 6 centimètres de longueur, effilés vers le sommet et légèrement arqués en dehors. Leur surface, ainsi que celle des portions de la tige qui se montrent entre eux, présente des stries longitudinales très-fines. Tiges se divisant par dichotomie en branches égales, qui s'écartent peu à peu l'une de l'autre.

L'École des mines possède une assez grosse tige de cette espèce, provenant de Niederburbach, près Thann (Alsace), qui présente, sur une portion de son étendue, la surface externe de l'écorce, très-finement striée longitudinalement et marquée de cicatrices arrondies ou ovales de 3 millimètres environ de diamètre, disposées en quinconce, analogues à celles des *Stigmaria*; les files verticales de cicatrices sont espacées de 6 à 7 millimètres, et sur une même file les cicatrices sont distantes de 30 millimètres.

Cette écorce se montre ainsi, sauf l'espacement plus faible des cicatrices, qui est en rapport avec le moindre diamètre, tout à fait semblable à la figure donnée par M. Schimper de l'*Ancistrophyllum stigmariæforme* Gœppert, sur la planche XI du *Terrain de transition des Vosges*[1]. Dans les parties où l'écorce manque, la tige est couverte des longs mamelons cylindriques caractéristiques du *Knorria imbricata*, et, tout le long de la portion qui présente l'écorce conservée, on voit ces mamelons s'arquer et aboutir, à leur sommet, précisément aux cicatrices arrondies dont est marquée la surface extérieure de l'écorce. Malheureusement on ne peut distinguer l'organisation de ces cicatrices. Quoi qu'il en soit, les mamelons saillants des *Knorria* ne peuvent guère, d'après cela, être considérés que comme représentant de gros faisceaux vasculaires qui se rendaient aux feuilles et qui ont persisté après la destruction de l'écorce; en tout cas, la surface de l'écorce ne présente aucune saillie qui

---

[1] *Le terrain de transition des Vosges*, par Kœchlin-Schlumberger et Schimper. Strasbourg, 1862.

leur corresponde, comme cela devrait être si ces mamelons représentaient des coussinets foliaires sous-corticaux. M. Schimper avait reconnu[1] que l'*Ancistrophyllum* ne représentait qu'un mode de conservation particulier du *Knorria imbricata;* on voit qu'il en est réellement l'état normal et complet. Cette espèce est particulière au terrain houiller inférieur.

HOUILLER INFÉRIEUR.

Niederburbach, près Thann (Alsace).

Anthracites du Roannais : *Lay* (Loire). [Grand'Eury.]

Genre LEPIDOSTROBUS. Brongniart.

Lepidostrobus. Brongniart, *Dict. sc. nat.*, t. LVII, p. 93.

Cônes de fructification des Lépidodendrées, composés d'un axe ligneux portant des bractées disposées en spirale, sur lesquelles sont attachés les sporanges. Ces bractées sont généralement rétrécies vers leur point d'insertion et s'élargissent à quelque distance en un limbe de forme variable, tantôt étroit et linéaire comme les feuilles, tantôt triangulaire, ou ovale-lancéolé, contracté en pointe au sommet. La partie rétrécie est fixée normalement à l'axe du cône, et le sporange, qui en occupe toute la longueur, est attaché sur sa face supérieure; il a la forme d'un sac légèrement aminci vers l'axe, un peu renflé vers l'extérieur. La portion limbaire de la bractée se redresse presque à angle droit, parallèlement à l'axe du cône. Les spores renfermées dans le sporange peuvent quelquefois être observées sur les empreintes, et l'on reconnaît alors à leurs dimensions si l'on a affaire à des macrospores ou à des microspores. Les cônes sont fixés à l'extrémité des rameaux et paraissent avoir été tantôt dressés, tantôt pendants.

Je me borne à mentionner ici ce genre, dont les diverses espèces devront, un jour, pouvoir être rattachées aux tiges qui les ont portées. La figure 2 de la planche CLXXII représente le cône du *Lepidodendron gracile*, qui était vraisemblablement pendant, à en juger par le changement de courbure du rameau qui le porte.

---

[1] *Traité de paléontologie végétale*, t. II, p. 118.

PHANÉROGAMES GYMNOSPERMES.

1. Cycadées.

Les végétaux houillers que l'on a été amené à rapporter aux Cycadées diffèrent notablement, par leurs caractères extérieurs, des végétaux vivants de cette famille, de telle sorte que je ne dirai que peu de chose sur les caractères de ceux-ci. Les Cycadées actuelles, comprenant un très-petit nombre de genres et d'espèces, sont des végétaux ligneux, qui se distinguent par l'absence presque absolue de ramification et ont, à ce point de vue, une certaine analogie d'aspect avec les Palmiers et les Fougères arborescentes. Leur tronc, le plus souvent simple, quelquefois bifurqué à la partie supérieure, porte au sommet une couronne de grandes feuilles, habituellement pinnées, quelquefois bipinnées. Les folioles de ces feuilles sont généralement coriaces; dans les *Cycas,* elles sont munies d'une seule nervure; dans la plupart des autres genres, elles sont marquées de nombreuses nervures longitudinales parallèles. Le tronc est parcouru, suivant son axe, par un large canal médullaire, entouré par l'anneau ligneux. Les fleurs mâles ont l'aspect d'épis ou de cônes, dont les écailles portent sur leur face dorsale de nombreux sacs polliniques; les fleurs femelles ont tantôt la forme de cônes, dont les écailles portent les ovules, tantôt ce sont des feuilles transformées, dans lesquelles les ovules occupent la place des folioles.

On a reconnu, par l'étude anatomique des tiges et des feuilles à organisation conservée, que divers végétaux de l'époque houillère devaient se rattacher aux Cycadées, qui avaient alors un développement considérable; on en distingue deux groupes principaux, les *Sigillarinées* et les *Cordaïtées,* et probablement faut-il leur en rapporter un troisième, celui des *Dolérophyllées.*

Les *Sigillarinées* comprennent des végétaux ligneux à tronc simple ou quelquefois bifurqué vers la partie supérieure, portant des feuilles simples, uninerviées, disposées en séries verticales bien accentuées. Ces feuilles étaient caduques et ne garnissaient que le sommet des tiges; par ce caractère, comme par leurs troncs simples, ces végétaux offrent avec les Cycadées une certaine analogie d'aspect.

Les *Cordaïtées* comprennent des végétaux ligneux, à ramification irrégulière, mais assez multipliée, qui portaient de longues feuilles coriaces, parcourues par de nombreuses nervures longitudinales parallèles, et réunies d'ordinaire en bouquet au bout des rameaux.

Peut-être faut-il rapprocher des Cordaïtées le groupe des *Dolérophyllées*[1], comprenant des végétaux à feuilles épaisses, rétrécies en coin ou échancrées en cœur à la base, munies de nervures rayonnant toutes du point d'attache et divisées par dichotomie, et parcourues en outre dans leur épaisseur par de nombreux canaux gommeux qui produisent de fines stries entre les nervures et les masquent souvent. Ce groupe n'est pas encore bien connu, et sa place n'est pas fixée avec certitude; mais le seul genre dont je parlerai ici présente une certaine analogie avec les Cordaïtées dans l'aspect de sa nervation, à cela près que les nervures sont divergentes au lieu d'être parallèles.

Sigillarinées.

Genre SIGILLARIA. Brongniart.

Sigillaria. Brongniart, *Classif. végét. foss.*, p. 9.

Tiges atteignant un diamètre considérable, habituellement simples, quelquefois divisées par bifurcation, marquées de cicatrices foliaires disposées en séries verticales nettes. Tantôt l'écorce présente des côtes longitudinales saillantes, sur le milieu desquelles sont placées les cicatrices; tantôt l'écorce est unie, plus ou moins ridée ou rugueuse, mais sans côtes; sur une même file verticale, les cicatrices peuvent être plus ou moins rapprochées, parfois même contiguës; de même, les séries verticales de cicatrices sont tantôt tout à fait contiguës les unes aux autres, tantôt plus ou moins écartées. Les cicatrices foliaires ont la forme d'un hexagone à diagonale horizontale, à angles tantôt nets, tantôt arrondis, ou du moins dérivent de cette forme par la disparition d'un ou de deux côtés, devenant alors pentagonales ou rhomboïdales; elles sont généralement plus hautes que larges. Elles présentent trois

---

[1] Voir *Comptes rendus de l'Académie des sciences*, t. LXXXVII, p. 393. De Saporta, *Sur le nouveau groupe des Dolérophyllées*.

cicatricules, l'une placée sur l'axe vertical de la cicatrice, un peu au-dessus du milieu, et correspondant au faisceau vasculaire de la feuille, les deux autres placées à droite et à gauche de celle-ci et correspondant probablement, d'après les recherches de M. B. Renault [1], à des canaux gommeux La cicatricule vasculaire est tantôt ponctiforme, tantôt linéaire et allongée transversalement, ou en forme d'arc concave vers le haut; les deux autres cicatricules sont linéaires, dirigées à peu près verticalement, droites ou courbes, et alors tournant leur concavité vers la cicatricule vasculaire. Les tiges décortiquées se montrent toujours marquées de stries longitudinales plus ou moins accentuées; on n'y distingue nettement, d'ordinaire, que les deux cicatricules latérales.

Feuilles très-longues, linéaires, aiguës au sommet, uninerviées, habituellement marquées d'un sillon sur la face supérieure, et souvent de deux plis secondaires longitudinaux, fréquemment décurrentes sur la tige par leurs angles latéraux, mais non par une carène dorsale comme celles des *Lepidodendron*.

On remarque parfois des cicatrices de forme particulière, isolées ou formant des séries longitudinales entre les files de cicatrices foliaires; d'après leur forme et leur position, ces cicatrices paraissent devoir être attribuées à des racines adventives plutôt qu'à des organes de fructification.

On ne connaît pas le mode de reproduction des Sigillaires; quelques auteurs leur ont rapporté des épis qui paraissent renfermer des spores, et les ont, d'après cela, classées parmi les Cryptogames; mais cette attribution d'épis à des troncs avec lesquels ils n'étaient pas en relation directe n'a que la valeur d'une hypothèse. Je n'ai pas à entrer dans le détail des caractères anatomiques des troncs de Sigillaires, mais je regarde les travaux de M. B. Renault sur la structure de ces troncs et sur l'organisation des faisceaux vasculaires de leurs feuilles [2] comme ayant tranché la question et établi positivement la nature phanérogamique des Sigillaires et leur affinité avec les Cycadées. On trouve, d'ailleurs, sur certains troncs de *Sigillaria* des cicatrices particulières placées dans la même série verticale que les cicatrices foliaires, et qui correspondraient bien à l'insertion d'épis floraux. Je figure pl. CLXXIV, fig. 1, un

---

[1] *Académie des sciences. Mémoires des savants étrangers*, t. XXII, n° 9. B. Renault, *Étude sur le Sigillaria spinulosa.*

[2] *Comptes rendus de l'Académie des sciences*, t. LXXXVII, p. 114 et 414.

fragment d'écorce de *Sigillaria Brardi* qui offre cette particularité, et j'ajoute que l'École des mines possède un tronc décortiqué d'une Sigillaire à côtes, provenant de Roche-la-Molière et donné par M. Grand'Eury, sur lequel on remarque de grosses cicatrices arrondies ou ovales placées sur les côtes entre certaines des cicatrices foliaires. Mais la nature des organes qui s'attachaient à ces cicatrices est encore inconnue, et l'on ne peut trop insister sur l'intérêt scientifique qui s'attache à la recherche des organes de reproduction des Sigillaires.

Je serais porté à laisser avec les Sigillaires le genre *Syringodendron* Sternberg, constitué par des tiges cannelées, habituellement striées en long et marquées de cicatrices arrondies ou elliptiques, simples ou géminées, disposées en séries verticales occupant le milieu des côtes, ces tiges pouvant bien n'être, comme le pense M. Schimper, que des Sigillaires dépouillées d'une partie de leur écorce. On n'y observe jamais, en effet, de cicatrices nettement délimitées, comme cela devrait être si l'on avait affaire à une tige complète présentant encore la surface extérieure de son écorce; en outre, les cicatrices simples que j'ai pu examiner m'ont paru composées de deux cicatrices géminées rapprochées et presque confondues en une seule, et vers la partie supérieure de leur axe vertical j'ai presque toujours constaté la présence d'une très-petite. cicatrice ponctiforme, qui correspondrait au passage du faisceau vasculaire; de même, dans les espèces à cicatrices géminées bien distinctes, on trouve une petite cicatricule entre ces cicatrices. Ainsi, sur les unes comme sur les autres, on retrouve les trois cicatricules caractéristiques des *Sigillaria*.

Le genre *Sigillaria*, très-riche en espèces, peut être subdivisé en trois sections assez naturelles :

I. *Rhytidolepis*. Sternberg. — Troncs marqués de côtes longitudinales plus ou moins saillantes, sur le milieu desquelles sont placées les cicatrices foliaires.

II. *Clathraria*. Brongniart. — Troncs sans côtes, cicatrices portées sur des mamelons saillants, contigus, disposés en quinconce et séparés par des sillons obliques.

III. *Leiodermaria*. Goldenberg. — Troncs sans côtes et sans sillons obliques. Cicatrices plus ou moins espacées; écorce lisse ou ridée entre les cicatrices.

Section I. — **Rhytidolepis.**

SIGILLARIA LÆVIGATA. Brongniart.

Sigillaria lævigata. Brongniart, *Dict. sc. nat.*, t. LVII, p. 73. *Hist. végét. foss.*, I, p. 471, pl. CXLIII, fig. 1, 2 A et B.

Côtes plates, larges de 2 à 4 centimètres, lisses, séparées par des sillons assez profonds; sillons larges de 5 à 8 millimètres, à section aiguë. Cicatrices foliaires distantes, sur une même file verticale, de 2 à 4 centimètres, larges de 7 à 8 millimètres, en forme d'hexagone presque régulier à angles inférieurs arrondis; angles latéraux donnant naissance à deux lignes légèrement saillantes qui forment le prolongement des deux côtés situés au-dessus de la diagonale horizontale, puis descendent presque verticalement, en s'atténuant peu à peu, et disparaissent un peu au-dessus de la cicatrice immédiatement inférieure. Cicatricule vasculaire ponctiforme, placée un peu au-dessus du centre de la cicatrice foliaire et flanquée de deux cicatricules linéaires, à peine arquées, longues de 2 millimètres à $2^{mm},5$. A 2 millimètres environ au-dessus de chaque cicatrice foliaire, on remarque généralement une très-petite cicatricule ponctiforme, correspondant sans doute à l'insertion d'une écaille.

Sur les tiges dépouillées de leur écorce charbonneuse, les côtes se montrent marquées de stries longitudinales assez accentuées; on distingue les cicatricules vasculaires, flanquées de deux cicatricules très-nettes, larges de $0^{mm},5$ à 1 millimètre, hautes de 4 à 6 millimètres.

Feuilles longues de plus de 30 centimètres, marquées d'un sillon prononcé sur leur face supérieure.

Je rapporte à cette espèce de grandes feuilles que j'ai trouvées souvent associées aux tiges dans les mêmes schistes, et dont j'ai pu observer la base d'insertion, correspondant bien, par sa forme, aux cicatrices foliaires du *Sigillaria lævigata;* je n'ai jamais pu suivre ces feuilles dans toute leur étendue.

Le *Sigillaria lævigata* est spécial au terrain houiller moyen.

HOUILLER MOYEN.

. Bassin du Nord et du Pas-de-Calais. — *Anzin* (Nord). [Brongniart.] — *Lens :* fosse n° 2, veine Buffon. *Bully-Grenay :* f. n° 3, nouvelle veine. *Nœux :* f. n° 1, v. Saint-Théodore, v. Saint-Casimir. (Pas-de-Calais.)

SIGILLARIA RUGOSA. Brongniart.

(Atlas, pl. CLXXIII, fig. 3.)

Sigillaria rugosa. Brongniart, *Dict. sc. nat.,* t. LVII, p. 72. *Hist. végét. foss.,* I, p, 476, pl. CXLIV, fig. 2.

Côtes plates, larges de 15 à 20 millimètres, présentant cinq bandes longitudinales distinctes, la bande moyenne portant les cicatrices foliaires; cicatrices distantes, sur une même côte, de 25 à 30 millimètres, ovales, rétrécies vers le haut, légèrement échancrées au sommet, larges de 5 millimètres, hautes de 8 à 9 millimètres. Des bords latéraux de chaque cicatrice partent deux lignes légèrement saillantes, qui descendent verticalement jusqu'à la cicatrice immédiatement inférieure, circonscrivant la bande moyenne, qui est marquée, sur toute la longueur comprise entre les cicatrices, de fines rugosités, plus accentuées dans la partie médiane, sur une largeur de 2 à 3 millimètres. Les deux bandes immédiatement contiguës, de part et d'autre, à la bande moyenne, larges de 2 millimètres à 2^{mm},5, sont presque lisses; enfin les deux bandes extrêmes de chaque côte, larges de 3 à 5 millimètres, sont marquées de fines stries longitudinales ou un peu obliques, et forment les bords des sillons. Cicatrices foliaires marquées de trois cicatricules placées un peu au-dessus du centre, la cicatricule vasculaire ponctiforme, les deux autres droites ou à peine arquées, longues d'environ 2 millimètres.

On remarque parfois sur les côtes de petites cicatricules arrondies, placées à 2 ou 3 millimètres au-dessous des cicatrices foliaires.

Cette espèce me paraît propre au terrain houiller moyen.

HOUILLER MOYEN.

Bassin du Nord et du Pas-de-Calais. — *Fresnes :* fosse Bonnepart, veine Rapuroir. *Raismes :* f. Thiers, v. n° 6; f. Bleuse-Borne, dure veine. (Nord.) — *Dourges :* v. l'Éclaireuse. (Pas-de-Calais.)

SIGILLARIA ELONGATA. Brongniart.

Sigillaria elongata. Brongniart, *Ann. sc. nat.*, t. IV, p. 33, pl. II, fig. 3 et 4. *Hist. végét. foss.*, I, p. 473, pl. CXLV; pl. CXLVI, fig. 2 et 2 A.

Côtes plates, larges de 10 à 20 millimètres, séparées par des sillons peu profonds. Cicatrices foliaires hexagonales allongées verticalement, à angles arrondis, légèrement échancrées au sommet, occupant en largeur le tiers ou le quart de chaque côte, distantes entre elles d'une longueur égale à deux fois et demie leur hauteur. Côtes marquées de fines rugosités tout le long d'une mince bande partant de la partie inférieure de chaque cicatrice, et descendant jusqu'à la cicatrice placée au-dessous; à droite et à gauche des cicatrices les côtes sont lisses, puis elles présentent le long des sillons, sur une certaine largeur, des stries longitudinales ou un peu obliques. Au-dessus de chaque cicatrice, on remarque un léger sillon en forme d'arc, concentrique à son bord supérieur, et sous cet arc une petite cicatricule ponctiforme correspondant sans doute à l'insertion d'une écaille. Cicatrices foliaires marquées, au-dessus de leur centre, de trois cicatricules, la cicatricule vasculaire ponctiforme ou un peu allongée verticalement, les deux autres droites, longues de $1^{mm},5$ à 2 millimètres.

Sur les tiges décortiquées, les côtes sont striées longitudinalement; les cicatricules vasculaires sont indistinctes; les deux autres, très-rapprochées, paraissent souvent confondues en une seule.

Cette espèce se présente sous deux formes différant par leurs dimensions, mais ayant les mêmes caractères; aussi ne paraissent-elles devoir être distinguées que comme variétés.

Var. α. *major.* Brongniart. — Côtes larges de 15 à 20 millimètres. Cicatrices foliaires larges de 5 à 6 millimètres, hautes de 10 à 12 millimètres, espacées d'environ 25 millimètres, échancrées au sommet; ces cicatrices sont un peu obliques sur la tige, étant portées sur un mamelon légèrement saillant, qui reporte en avant leur bord inférieur. Le mamelon s'accuse par deux lignes partant des côtés de la cicatrice foliaire et descendant sur la côte en s'effaçant peu à peu. Bande rugueuse de 2 à 3 millimètres de large, occupant le milieu de chaque côte entre deux cicatrices consécutives.

Var. β. *minor.* Brongniart. — Côtes larges de 8 à 10 millimètres. Cicatrices foliaires larges de 3 à 4 millimètres, hautes de 6 à 8 millimètres, espacées de 15 à 25 millimètres, échancrées au sommet, faisant une légère saillie en avant, étant portées sur un mamelon un peu moins accentué que dans la variété précédente. Bande rugueuse de 2 millimètres de large, occupant le milieu de chaque côte.

Cette espèce, sous ses deux formes, est particulière au terrain houiller moyen, et s'y rencontre assez fréquemment.

HOUILLER MOYEN.

Bassin du Nord et du Pas-de-Calais. = Var. *major.* — *Aniche* : veine Constance. (Nord.) — *L'Escarpelle* : fosse n° 2, v. Canicule. *Carvin* : f. n° 3, v. n° 3 sud. *Meurchin* : f. n° 1, v. n° 1. (Pas-de-Calais.)

Var. *minor.* — *Raismes* : f. Thiers, v. Printanière, v. Filonnière; f. Bleuse-Borne, petite veine. *Anzin* : f. Renard, v. Président. *Aniche* : v. Constance; f. Gayant, v. n° 1. (Nord.) — *Meurchin* : f. n° 1, v. n° 1. *Liévin*. (Pas-de-Calais.)

SIGILLARIA CORTEI. Brongniart.

(Atlas, pl. CLXXIV, fig. 4.)

Sigillaria Cortei. Brongniart, *Dict. sc. nat.,* t. LVII, p. 72. *Hist. végét. foss.,* I, p. 467, pl. CXLVII, fig. 3 et 4.

Côtes arrondies, larges de 6 à 10 millimètres, séparées par des sillons étroits, à section aiguë. Cicatrices foliaires à peu près hexagonales, allongées dans le sens vertical, étroites vers le haut, plus larges et arrondies à la partie inférieure, à angles latéraux saillants; elles sont larges de 4 à 5 millimètres, hautes de 6 à 8 millimètres, espacées de 15 à 20 millimètres, et portées sur des mamelons peu accentués. Des angles latéraux de chaque cicatrice partent deux lignes légèrement saillantes, qui descendent sur les côtes sur 4 ou 5 millimètres de longueur. Côtes marquées, sur leur partie moyenne, de fines rides transversales ou un peu obliques, bien accentuées sous le bord inférieur des cicatrices, moins nettes au-dessus d'elles. Les côtes présentent, au-dessus de chaque cicatrice, un pli en arc offrant souvent la forme d'un V renversé; on remarque en outre une très-petite cicatricule ponctiforme immédiatement au-dessus du bord supérieur de la cicatrice foliaire. Cicatricule vasculaire ponctiforme, placée vers le haut de la cicatrice foliaire, flanquée de deux cicatricules rectilignes, allongées.

Tiges décortiquées striées longitudinalement.

Cette espèce est particulière aussi au terrain houiller moyen et s'y montre assez commune.

HOUILLER MOYEN.

BASSIN DU NORD ET DU PAS-DE-CALAIS. — *Raismes* : fosse Thiers, veine n° 2 , v. Printanière, v. Filonnière, v. Meunière. *Anzin* : f. Renard, v. Paul. (Nord.) — *Lens* : f. n° 2 , v. Buffon. *Bully-Grenay* : f. n° 3 , v. n° 3 ; f. n° 6 , v. Sainte-Sophie. *Bruay* : f. n° 1, v. n° 9. *Marles* : f. n° 3 , v. Marie, v. Marguerite. (Pas-de-Calais.)

SIGILLARIA SCUTELLATA. BRONGNIART.

Sigillaria scutellata. Brongniart, *Classif. végét. foss.*, p. 22 , pl. I, fig. 4. *Hist. végét. foss.*, 1 , p. 455 , pl. CL, fig. 2 et 3 ; *an* pl. CLXIII, fig. 3 ?

Côtes arrondies, larges de 10 à 12 millimètres, séparées par des sillons étroits. Cicatrices foliaires présentant la forme d'un hexagone à angles supérieurs arrondis et ayant les trois côtés inférieurs remplacés par un arc circulaire , larges de 6 à 7 millimètres, hautes de 5 à 8 millimètres, espacées de 20 à 30 millimètres, à bord inférieur assez saillant. Angles latéraux donnant naissance à deux lignes divergentes qui descendent dans les sillons. Côtes marquées, sur leur partie moyenne , sur 4 à 5 millimètres de largeur, de fines rides transversales ou un peu obliques, et présentant au-dessus de chaque cicatrice un très-léger pli transversal un peu arqué. Cicatricule vasculaire ponctiforme placée presque au centre de la cicatrice foliaire, flanquée de deux cicatricules assez courtes, droites ou à peine arquées.

Cette espèce, comme les précédentes, paraît propre au terrain houiller moyen.

HOUILLER MOYEN.

BASSIN DU NORD ET DU PAS-DE-CALAIS. — *Raismes* : fosse Bleuse-Borne, grande veine, v. Grande-Passée. *Anzin* : f. du Chaufour. *Aniche* : f. Saint-René, v. Marguerite. [Abbé BOULAY.] *Anzin* : f. du Moulin. [BRONGNIART.] *Fresnes* : f. Bonnepart, v. Neuf-Paumes. (Nord.) — *Bully-Grenay* : f. n° 3, v. Christian. (Pas-de-Calais.)

SIGILLARIA ELLIPTICA. Brongniart.

(Atlas, pl. CLXXIII, fig. 1.)

Sigillaria elliptica. Brongniart, *Dict. sc. nat.,* t. LVII, p. 73. *Hist. végét. foss.,* I, p. 447,
pl. CLII, fig. 1 à 3; pl. CLXIII, fig. 4.

Côtes arrondies, larges de 8 à 12 millimètres, séparées par des sillons
droits ou parfois légèrement ondulés. Cicatrices foliaires généralement hexa-.
gonales, à côté supérieur arrondi, légèrement échancré en son milieu, à
angles latéraux très-saillants, à angles inférieurs tout à fait arrondis, à bord
inférieur porté en avant par un mamelon légèrement saillant. Les angles
latéraux sont souvent masqués sur les empreintes par l'écrasement du mamelon, et les cicatrices offrent alors un contour elliptique presque régulier;
mais on peut d'ordinaire dégager les bords en faisant sauter au burin la
roche qui les couvre, et retrouver ainsi la forme normale. Les cicatrices foliaires ont 7 à 10 millimètres de largeur et 8 à 10 millimètres de hauteur;
leur espacement vertical varie de 15 à 20 millimètres. Leurs angles latéraux
se prolongent par deux lignes divergentes qui descendent dans les sillons. La
partie moyenne des côtes, correspondant à la partie antérieure du mamelon
placé sous les cicatrices, est marquée de fines rides transversales très-accentuées, sur 4 à 7 millimètres de largeur; au-dessus de chaque cicatrice, les
côtes présentent un pli en arc, concentrique au bord supérieur de la cicatrice, et, sous ce pli, une très-petite cicatricule ponctiforme. Cicatricule
vasculaire ponctiforme, placée un peu au-dessus du centre de la cicatrice
foliaire, flanquée de deux petites cicatricules légèrement arquées.

Tiges décortiquées striées longitudinalement, portant à la hauteur des
insertions foliaires les trois cicatricules bien visibles.

L'échantillon que j'ai figuré présente, dans les sillons, plusieurs cicatrices
allongées, arrondies au sommet, pointues vers le bas, larges de 3 à 4 millimètres, hautes de 10 à 15 millimètres, munies au centre d'une cicatricule
ponctiforme, et au voisinage desquelles les cicatrices foliaires sont sensiblement déformées. Leur position en dehors des files de cicatrices foliaires ne
me paraît pas permettre de les regarder comme correspondant à des insertions d'organes de reproduction; elles ne peuvent, dès lors, être attribuées
qu'à des racines adventives.

Cette espèce est fréquente dans le terrain houiller moyen et se rencontre encore vers la base du terrain houiller supérieur.

HOUILLER MOYEN.

BASSIN DU NORD. — *Fresnes* et *Vieux-Condé* : veines Six-Paumes et Huit-Paumes. [BRON-GNIART.] *Vicoigne* : fosse n° 1, v. Saint-Nicolas. *Vieux-Condé* : v. Saint-Joseph. *Raismes* : f. Thiers, v. Meunière, v. Filonnière; f. Saint-Louis, grande veine. *Anzin* : f. Renard, v. Paul, v. Mark. *Aniche* : f. Saint-René, v. Bernicourt. (Nord.)

HOUILLER SUPÉRIEUR.

BASSIN DE LA LOIRE. — *Rive-de-Gier. Lorette.* (Loire.) [GRAND'EURY.]

BASSIN D'ALAIS. — *Bessèges. La Grand'Combe* : montagne Sainte-Barbe. (Gard.) [GRAND' EURY.]

Prades (Ardèche). [GRAND'EURY.]

SIGILLARIA MAMILLARIS. BRONGNIART.

Sigillaria mamillaris. Brongniart, *Ann. sc. nat.*, t. IV, p. 33, pl. II, fig. 5. *Hist. végét. foss.*, 1, p. 451, pl. CXLIX, fig. 1.

Côtes larges de 4 à 6 millimètres, séparées par des sillons étroits. Cicatrices foliaires à peu près régulièrement hexagonales, un peu étirées vers le haut, larges de 4 à 6 millimètres, avec une hauteur égale, à angles latéraux saillants, occupant toute la largeur des côtes, espacées de 8 à 12 millimètres, obliques sur la tige, à bord inférieur porté en avant par un mamelon saillant. Mamelon marqué, sur sa partie antérieure, de fines rides transversales; côtes présentant au-dessus de chaque cicatrice, à la base du mamelon qui porte la cicatrice supérieure, un pli transversal ou un peu arqué. Cicatricule vasculaire ponctiforme ou un peu allongée transversalement, placée au-dessus du centre de la cicatrice foliaire, flanquée de deux cicatricules rectilignes, très-courtes.

Tiges décortiquées striées longitudinalement, présentant les trois cicatricules assez nettes; mais souvent les deux cicatricules latérales paraissent se réunir par leurs extrémités et former un cercle encadrant la cicatricule vasculaire.

Cette espèce est particulière au terrain houiller moyen et s'y montre assez abondante.

HOUILLER MOYEN.

BASSIN DU NORD ET DU PAS-DE-CALAIS. — *Fresnes* et *Vieux-Condé.* [BRONGNIART.] *Vicoigne :* veine Sainte-Barbe, v. Sainte-Victoire. *Anzin :* fosse Renard, v. Président. *Aniche :* f. Dechy, v. n° 14. *L'Escarpelle :* f. n° 1, v. Amable-Marc. (Nord.) — *Dourges :* v. l'Éclaireuse. *Lens :* f. n° 2, v. Buffon; f. n° 3, v. Gérard; f. n° 4, v. Amé. *Bully-Grenay :* f. n° 3, v. n° 3, v. Madeleine; f. n° 5, v. Saint-Joseph; f. n° 2, v. Saint-Jean-Baptiste; f. n° 1, v. Saint-Pierre. *Marles :* f. n° 3, v. Henriette; f. n° 4, v. Désirée. (Pas-de-Calais.)

SIGILLARIA TESSELLATA. BRONGNIART.

(Atlas, pl. CLXXIII, fig. 2.)

Sigillaria tessellata. Brongniart, *Dict. sc. nat.,* t. LVII, p. 74. *Hist. végét. foss.,* I, p. 436, pl. CLVI, fig. 1; pl. CLXII, fig. 1 à 4.
Sigillaria Knorrii. Brongniart, *Dict. sc. nat.,* t. LVII, p. 73. *Hist. végét. foss.,* I, p. 444, pl. CLVI, fig. 2 et 3; pl. CLXII, fig. 6.
Sigillaria sexangula. Sauveur, *Végét. foss. des terrains houillers de la Belgique,* pl. LIII, fig. 1.

Côtes peu saillantes, larges de 8 à 10 et quelquefois 14 millimètres, séparées par des sillons droits ou parfois un peu flexueux, les côtes s'élargissant légèrement à la hauteur du milieu des cicatrices. Cicatrices foliaires de forme un peu variable, d'ordinaire régulièrement hexagonales, à angles plus ou moins arrondis, larges de 5 à 7 millimètres, hautes de 4 à 8 millimètres, presque exactement contiguës, séparées seulement par un pli transversal bien net, plus ou moins étendu, mais qui n'occupe jamais toute la largeur des côtes et ne va pas jusqu'aux sillons. Cicatricule vasculaire ponctiforme ou un peu allongée transversalement, placée au-dessus du centre de la cicatrice foliaire et flanquée de deux cicatricules très-courtes, légèrement arquées.

Sur les tiges décortiquées, les deux cicatricules latérales paraissent le plus souvent se réunir par leurs extrémités, et forment alors un cercle encadrant la cicatricule vasculaire.

On observe assez fréquemment sur cette espèce des cicatrices particulières, rondes ou ovales, larges de 2 à 4 millimètres, hautes de 4 à 6 millimètres, munies au centre d'une cicatricule ponctiforme et placées dans les sillons qui séparent les séries de cicatrices foliaires. Il y en a toujours plusieurs à la même hauteur sur la tige, disposées comme en verticilles; tantôt il n'y a qu'une cicatrice dans chaque sillon, tantôt il y en a plusieurs, de trois à huit, superposées en une seule file et exactement contiguës; enfin on observe parfois, mais plus rarement, deux files semblables placées côte à côte, sur les bords d'un même sillon[1]. Les cicatrices foliaires voisines sont toujours sensiblement déformées. Comme celles du *Sigillaria elliptica*, ces singulières cicatrices me paraissent devoir être attribuées à des racines adventives.

Je réunis à cette espèce le *Sigillaria sexangula* Sauveur, qui n'en est qu'une forme particulière; j'ai, en effet, observé plus d'une fois sur une même tige, et en particulier sur l'échantillon dont un fragment est représenté pl. CLXXIII, fig. 2, de notables variations dans la forme des cicatrices : dans une région, elles sont nettement hexagonales, un peu plus larges que hautes, à angles nets, comme dans le *Sigillaria sexangula*, et dans une autre région elles sont presque ovales, un peu plus hautes que larges, à contour arrondi, comme dans le *Sigillaria tessellata* type.

Cette espèce est répandue surtout dans le terrain houiller moyen; mais on la rencontre encore à la base du terrain houiller supérieur.

HOUILLER MOYEN.

Bassin du Nord et du Pas-de-Calais. — *Fresnes* : fosse Bonnepart. *Aniche* : f. Saint-Louis. [Abbé Boulay.] *Raismes* : f. Thiers, veine Filonnière; f. Bleuse-Borne, v. à filons; f. Saint-Louis, v. Filonnière. (Nord.) — *Courrières* : f. n° 2, v. Joséphine, v. de la Reconnaissance. *Lens* : f. n° 1, v. Clémence. *Bully-Grenay* : f. n° 3, v. Marie, v. Désiré; f. n° 5, v. Saint-Joseph. *Nœux* : f. n° 1, v. Saint-Casimir, v. Saint-Michel. *Marles* : f. n° 3, v. Marguerite. *Ferfay* : f. n° 1, v. Espérance. (Pas-de-Calais.)

HOUILLER SUPÉRIEUR.

Bassin d'Alais (Gard). [Brongniart.]
Carmaux (Tarn).

---

[1] La figure 6 de la planche CLXII de l'*Histoire des végétaux fossiles* reproduit, mais d'une façon très-défectueuse, un échantillon, conservé dans les collections du Muséum, qui présente un grand nombre de cicatrices de ce genre.

SIGILLARIA ELEGANS. Sternberg (sp.).

Favularia elegans. Sternberg, *Ess. Fl. monde prim.*, I, fasc. 4, p. xiv, pl. LII, fig. 4.
Sigillaria elegans. Brongniart, *Dict. sc. nat.*, t. LVII, p. 74. *Hist. végét. foss.*, I, p. 438, pl. CXLVI, fig. 1; pl. CLVIII, fig. 1.
An **Palmacites hexagonatus.** Schlotheim, *Petrefactenkunde*, p. 394, pl. XV, fig. 1?
An **Sigillaria hexagona.** Brongniart, *Hist. végét. foss.*, I, pl. CLV?

Tige parfois divisée vers le haut par bifurcation. Côtes peu accentuées, larges de 4 à 7 millimètres, séparées par des sillons droits ou plus ordinairement fléchis en zigzag, les côtes s'élargissant à la hauteur du milieu des cicatrices pour se contracter ensuite. Cicatrices foliaires hexagonales, à angles supérieurs et inférieurs arrondis, à angles latéraux saillants, souvent légèrement échancrées à la partie supérieure, larges de 4 à 6 millimètres, hautes de 3 à 5 millimètres, contiguës, séparées par un pli transversal très-accentué occupant toute la largeur de la côte, et encadrées sur les côtés par les sillons, infléchis parallèlement à leur contour. Cicatricule vasculaire ponctiforme, placée vers le tiers ou le quart supérieur de la cicatrice foliaire, flanquée de deux cicatricules courtes, légèrement arquées.

Sur les tiges décortiquées, les cicatricules latérales semblent souvent réunies par leurs extrémités et forment ainsi un cercle encadrant la cicatricule vasculaire.

J'ai observé également dans cette espèce, sur un échantillon provenant des mines d'Anzin (fosse Casimir-Périer, 1re veine du sud), des cicatrices arrondies, munies au centre d'une cicatricule ponctiforme et placées dans les sillons; ces cicatrices se montrent, à une même hauteur, de deux en deux sillons, plus rarement dans deux sillons consécutifs, et sont isolées dans chacun; mais il y a trois verticilles semblables, écartés de 75 et 95 millimètres. Elles donnent lieu aux mêmes remarques que celles des *Sigillaria elliptica* et *tessellata*.

Le *Sigillaria elegans* établit un passage entre la section des *Rhytidolepis* et celle des *Clathraria,* par ses côtes souvent à peine accentuées et par les sillons continus qui encadrent les cicatrices, les sillons latéraux compris entre deux séries longitudinales s'unissant aux sillons transversaux qui séparent les cicatrices.

De même que la précédente, cette espèce se rencontre et dans le terrain houiller moyen, et à la base du terrain houiller supérieur.

HOUILLER MOYEN.

BASSIN DU NORD ET DU PAS-DE-CALAIS. — *Aniche :* fosse Saint-Louis; f. Gayant. [Abbé BOULAY.] *Vicoigne :* f. n° 1, grande veine; f. n° 2, v. Saint-Joseph. *Anzin :* f. Casimir-Périer, 1ʳᵉ veine du sud. (Nord.) — *Dourges :* v. l'Éclaireuse. (Pas-de-Calais.)

HOUILLER SUPÉRIEUR.

BASSIN DE LA LOIRE. — *Montbressieux :* puits Sainte-Mélanie, 2ᵉ bâtarde. *Rive-de-Gier. Lorette.* (Loire.) [GRAND'EURY.]
BASSIN D'ALAIS. — *Bessèges* (Gard). [GRAND'EURY.]

SECTION II. — Clathraria.

SIGILLARIA BRARDI. BRONGNIART.

(Atlas, pl. CLXXIV, fig. 1.)

Clathraria Brardii. Brongniart, *Classif. végét. foss.*, p. 22, pl. I, fig. 5.
Sigillaria Brardii. Brongniart, *Dict. sc. nat.*, t. LVII, p. 74. *Hist. végét. foss.*, I, p. 430, pl. CLVIII, fig. 4.
Sigillaria Menardi. Brongniart, *Dict. sc. nat.*, t. LVII, p. 74. *Hist. végét. foss.*, I, p. 430, pl. CLVIII, fig. 5 et 6.

Tiges parfois divisées par bifurcation. Cicatrices foliaires de forme hexagonale, plus larges que hautes, à angles supérieurs et inférieurs tout à fait arrondis, à angles latéraux aigus, légèrement échancrées à la partie supérieure, larges de 6 à 10 millimètres, hautes de 4 à 6 millimètres, portées sur des mamelons saillants de 10 à 16 millimètres de largeur et de 7 à 9 millimètres de hauteur, séparés les uns des autres par des sillons plus ou moins profonds. Les angles latéraux des cicatrices se prolongent sur les mamelons en deux lignes légèrement saillantes, plus ou moins accentuées, aboutissant aux angles latéraux de ces mamelons. La distance entre deux séries verticales contiguës de cicatrices est à peu près égale à la largeur des cicatrices elles-mêmes, de sorte que les mamelons d'une série viennent s'emboîter par leurs extrémités latérales entre les bords inférieur et supérieur des mamelons des séries voisines. La surface des mamelons est généralement lisse, plus rarement un peu ridée. Cicatricule vasculaire allongée transversalement, un peu arquée, placée au-dessus du centre de la cicatrice foliaire et flanquée de deux cicatricules nettement arquées.

Tiges décortiquées marquées de stries longitudinales légèrement flexueuses, et offrant les trois cicatricules bien distinctes à la hauteur de chaque cicatrice.

L'échantillon que j'ai figuré pl. CLXXIV, fig. 1, présente une série de grandes cicatrices hexagonales, disposées en verticille, placées dans les séries verticales de cicatrices foliaires et munies au centre d'une forte cicatrice arrondie correspondant au passage d'un gros faisceau vasculaire; il est vraisemblable qu'elles répondent à l'insertion d'organes de reproduction. Au-dessus de ce verticille, le nombre des séries verticales de cicatrices foliaires paraît diminué d'un, les cicatrices sont moins régulières et plus espacées. Une tige, en partie décortiquée, de la même espèce, provenant de la Béraudière, et donnée à l'École des mines par M. Grand'Eury, m'a offert également de grosses cicatrices rondes placées nettement dans les séries verticales de cicatrices foliaires. Germar figure, d'ailleurs, dans ses *Versteinerungen des Steinkohlengebirges von Wettin und Löbejün,* pl. XI, fig. 1, un échantillon de *Sigillaria Brardi* présentant des cicatrices de ce genre disposées en verticilles. Le fait paraît être fréquent dans cette espèce, et je l'ai observé sur plusieurs échantillons, de diverses tailles et de provenances variées, qui se trouvent à l'École des mines.

Le *Sigillaria Brardi* est spécial au terrain houiller supérieur et s'y rencontre fréquemment.

HOUILLER SUPÉRIEUR.

BASSIN DE LA LOIRE. — *Rive-de-Gier. La Chazotte :* puits Baby; p. Jules. *La Calaminière :* p. Petin. *Reveux :* 13ᵉ couche. *Roche-la-Molière :* p. Neyron. *Villars.' Treuil :* 5ᵉ couche. *Avaize. Villebœuf. Montrambert. La Béraudière.* (Loire.) [GRAND'EURY.]

La Mure (Isère).

BASSIN D'ALAIS. — *Bessèges. Portes.* (Gard.) [GRAND'EURY.]

Graissessac. Neffiez. (Hérault.) [GRAND'EURY.]

Carmaux (Tarn).

BASSIN DE DECAZEVILLE. — *La Vaysse* (Aveyron).

Cublac (Dordogne).

Ahun (Creuse).

Decize (Nièvre).

Bert (Allier). [Grand'Eury.]

Saint-Nazaire (Var). [Grand'Eury.]

SECTION III. — Leiodermaria.

SIGILLARIA LEPIDODENDRIFOLIA. Brongniart.

Sigillaria lepidodendrifolia. Brongniart, *Hist. végét. foss.*, I, p. 426, pl. CLXI, fig. 1 à 3.

Cicatrices foliaires rhomboïdales, à angles supérieur et inférieur arrondis, larges de 10 à 12 millimètres, hautes de 12 à 15 millimètres, espacées d'environ 25 millimètres sur une même file verticale. Séries verticales de cicatrices distantes entre elles de 7 à 8 millimètres. Bord inférieur des cicatrices porté sur un mamelon légèrement saillant, marqué de fortes rides ondulées, parallèles au contour de la cicatrice. Cicatricule vasculaire pontiforme, placée au quart supérieur de la cicatrice foliaire, flanquée de deux cicatricules longues de 2 millimètres à 2^{mm},5, fortement arquées et se rejoignant presque par leurs extrémités supérieures.

Feuilles linéaires, en gouttière sur leur face supérieure, aiguës, longues de 40 centimètres et plus.

Cette espèce paraît propre au terrain houiller supérieur.

HOUILLER SUPÉRIEUR.

Bassin de la Loire. — *Montaud. Villars. Treuil :* 3e et 5e couches. *Roche-la-Molière. La Malafolie.* (Loire.) [Grand'Eury.]

Bassin de Decazeville. — *La Vaysse* (Aveyron).

SIGILLARIA RHOMBOIDEA. Brongniart.

(Atlas, pl. CLXXIV, fig. 2.)

Sigillaria rhomboidea. Brongniart, *Hist. végét. foss.,* I, p. 425, pl. CLVII, fig. 4.

Cicatrices foliaires rhomboïdales, à angles supérieur et inférieur arrondis,

IV.

18

larges de 5 à 7 millimètres, hautes de 5 à 6 millimètres, espacées de 15 à 20 millimètres sur une même file verticale. Séries verticales de cicatrices distantes entre elles de 7 à 8 millimètres. L'écorce présente entre les cicatrices de très-fines rugosités et, de plus, des rides longitudinales flexueuses qui contournent les cicatrices; à 2 ou 3 millimètres au-dessus des cicatrices, on remarque un très-léger pli en forme d'arc, qui encadre leur moitié supérieure, et sous cet arc, presque immédiatement au-dessus du sommet de chaque cicatrice, une très-petite cicatricule ou fossette ponctiforme. Cicatricule vasculaire arquée, placée au-dessus du centre de la cicatrice foliaire et flanquée de deux cicatricules divergentes, légèrement arquées.

Je ne connais cette espèce que dans le terrain houiller supérieur, où elle se rencontre surtout dans les couches voisines de la base.

HOUILLER SUPÉRIEUR.

La Mure (Isère).
Carmaux (Tarn).

SIGILLARIA SPINULOSA. Rost (sp.).

Lepidodendron spinulosum. Rost, *De filic. ectyp.*, p. 9.
Sigillaria spinulosa. Germar, *Verstein. des Steink. von Wettin und Löbejün*, p. 58, pl. XXV, fig. 1 et 2.

Cicatrices foliaires rhomboïdales, à angles supérieur et inférieur arrondis, souvent tronquées au sommet et devenant alors pentagonales, légèrement échancrées à la partie supérieure, larges de 8 à 10 millimètres, hautes de 7 à 8 millimètres, espacées de 18 à 20 millimètres sur une même file verticale. Séries verticales de cicatrices distantes entre elles de 12 à 14 millimètres. Écorce marquée de rides longitudinales ondulées, qui contournent les cicatrices. On remarque souvent au-dessus des cicatrices une très-petite cicatricule ponctiforme, et, plus rarement, contre leur bord inférieur ou entre elles, un ou deux tubercules saillants, de 2 à 3 millimètres de diamètre, marqués au centre d'une cicatricule arrondie et correspondant sans doute à l'insertion de radicules adventives. Cicatricule vasculaire arquée, placée au-dessus du centre de la cicatrice et flanquée de deux cicatricules légèrement arquées, un peu divergentes.

Cette espèce est très-voisine du *Sigillaria rhomboidea;* elle en diffère cependant par la dimension et l'espacement plus considérable de ses cicatrices et par l'absence de fines rugosités sur l'écorce, qui n'est marquée que de stries longitudinales.

Elle est particulière au terrain houiller supérieur.

HOUILLER SUPÉRIEUR.

BASSIN DE LA LOIRE. — *La Chazotte. La Calaminière :* puits Petin. *La Porchère. Méons. Quartier-Gaillard. La Béraudière.* (Loire.) [GRAND'EURY.]

BASSIN D'ALAIS. — *Portes* (Gard). [GRAND'EURY.]

BASSIN DE DECAZEVILLE. — *La Vaysse. Bourran.* [GRAND'EURY.] *Paleyrets.* (Aveyron.) *Terrasson* (Dordogne). [GRAND'EURY.]

Decize (Nièvre). [GRAND'EURY.]

Ahun (Creuse).

BASSIN DE SAÔNE-ET-LOIRE. — *Saint-Bérain.* [GRAND'EURY.]

Bert (Allier). [GRAND'EURY.]

Genre STIGMARIA. BRONGNIART.

Variolaria. Sternberg, *Ess. Fl. monde prim.,* I, fasc. 1, p. 23 et 26; *non* Acharius.
Stigmaria. Brongniart, *Classif. végét. foss.,* p. 9.

Rameaux cylindriques dirigés horizontalement, divisés par bifurcation, marqués de cicatrices rondes ou ovales à bord saillant, disposées en quinconce et munies au centre d'une cicatricule ponctiforme placée au sommet d'un léger mamelon. Ces cicatrices correspondent à l'insertion d'organes appendiculaires charnus, de forme cylindrique, contractés à la base, s'effilant vers leur extrémité, généralement simples, rarement bifurqués, parcourus par un faisceau vasculaire axile.

Il est à noter que les *Stigmaria* se rencontrent presque exclusivement au mur des couches.

On a longuement discuté sur la nature des *Stigmaria :* on les a considérés tantôt comme des tiges rampant à la surface du sol, tantôt comme des rhizomes ou tiges souterraines, et leurs organes appendiculaires comme des feuilles, dans l'un et l'autre cas, tantôt enfin comme des racines et leurs organes appendiculaires comme des radicelles. Plusieurs observations faites sur place paraissent avoir confirmé cette dernière opinion et établi que les *Stigmaria* sont les organes radiculaires des *Sigillaria* : on a vu en effet des troncs de Sigillaires s'élargir à la base, puis se diviser en grosses branches bifurquées présentant tous les caractères des *Stigmaria*. Cependant le fait a été contesté, et l'on a fait remarquer, entre autres raisons, que les *Stigmaria* se rencontrent en abondance dans l'étage du culm où l'on ne trouve pas de *Sigillaria;* mais ce n'est qu'une preuve négative, qui serait évidemment détruite par la découverte de troncs de Sigillaires dans cet étage. Aussi, m'en tenant aux preuves positives qui ont été données, placerai-je ici le genre *Stigmaria* à la suite des Sigillaires, tout en faisant remarquer qu'il y a là une question du plus haut intérêt à résoudre d'une manière définitive.

STIGMARIA FICOIDES. Sternberg (sp.).

(Atlas, pl. CLXXIII, fig. 4.)

Variolaria ficoides. Sternberg, *Ess. Fl. monde prim.*, I, fasc. 1, p. 23 et 26, pl. XII.
Stigmaria ficoides. Brongniart, *Classif. végét. foss.*, p. 28, pl. I, fig. 7.

Rameaux de 10 à 20 centimètres de diamètre; cicatrices rondes, de 5 à 7 millimètres de diamètre, espacées de 15 à 20 millimètres. Organes appendiculaires longs de 20 à 25 centimètres, larges de 10 à 12 millimètres.

Sous cette forme, le *Stigmaria ficoides* me paraît être propre au terrain houiller supérieur.

HOUILLER SUPÉRIEUR.

Bassin de la Loire. — *Communay* (Isère). — *Mouillon* : couche bâtarde. *Montbressieux* : puits Sainte-Mélanie. *Rive-de-Gier* : p. Moïse; p. Sainte-Barbe. *Saint-Chamond. Roche-la-Molière* : c. du Sagnat, c. du Péron. *Montcel. La Porchère* : 14ᵉ couche. *Montaud. Montrambert.* (Loire.) [Grand'Eury.]

Bassin d'Alais. — *Bessèges. La Grand'Combe* : couches inférieures. *Cessous. Portes.* (Gard.) [Grand'Eury.]

Neffiez (Hérault). [Grand'Eury.]

Carmaux (Tarn).

Lardin (Dordogne). [Grand'Eury.]

Ahun. Bosmoreau. (Creuse.)

Commentry. Bert. (Allier.)

La Chapelle-sous-Dun (Saône-et-Loire). [Grand'Eury.]

Bassin de Saône-et-Loire. — *Le Creusot.* [Grand'Eury.]

— Var. *minor*. Geinitz. — Rameaux plus petits, ne dépassant guère 10 à 12 centimètres de diamètre. Cicatrices plus petites et plus rapprochées, de 3 à 4 millimètres de diamètre, espacées de 8 à 10 millimètres. Organes appendiculaires larges de 5 à 7 millimètres.

Cette variété, très-répandue dans le terrain houiller moyen, se rencontre aussi vers la base du terrain houiller supérieur.

HOUILLER MOYEN.

Bassin du Nord et du Pas-de-Calais. — *Vicoigne* : fosse n° 1, grande veine, v. Sainte-Victoire. *Vieux-Condé* : v. Escaille, v. Rapuroir. *Raismes* : f. Bleuse-Borne, v. Grande-Passée; f. Saint-Louis, petite veine, v. Filonnière; f. du Chaufour, grande veine du Nord. *Anzin* : f. Saint-Marc, 3° veine du Nord. *Aniche* : f. Saint-Louis, v. Georges; f. l'Archevêque, v. Marie. (Nord.) — *Carvin* : f. n° 2, v. n° 14. *Courrières* : f. n° 2, v. Pauline, v. Louise, v. Sainte-Barbe. *Lens* : f. n° 1, v. Céline; f. n° 2, v. du Souich; f. n° 3, v. Lenoir, v. Montgolfier. *Bully-Grenay* : f. n° 5, v. Saint-Alexis. *Nœux* : 1ʳᵉ veine. *Bruay* : f. n° 1, v. Sainte-Aline. (Pas-de-Calais.)

Bassin du Bas-Boulonnais. — *Hardinghen* : f. Providence. *Fiennes* : f. l'Espoir. *Ferques* : f. de Leulinghen. (Pas-de-Calais.)

HOUILLER SUPÉRIEUR.

Bassin de la Loire. — *Montbressieux* : puits Sainte-Mélanie. *Combe-Plaine. Mouillon. Lorette. Valfleury. Chapoulet.* (Loire.) [Grand'Eury.]

La Mure (Isère).

Bassin d'Alais. — *Bessèges* (Gard). [Grand'Eury.]

Neffiez (Hérault). [Grand'Eury.]

Saint-Perdoux (Lot). [Grand'Eury.]

Carmaux (Tarn).

— Var. *undulata*. Gœppert. — Cicatrices à contour très-nettement saillant, de 4 à 6 millimètres de diamètre, espacées de 10 à 12 millimètres. Organes appendiculaires larges de 8 à 10 millimètres. Écorce souvent marquée de stries longitudinales ondulées, contournant les cicatrices.

Cette variété est particulière au terrain houiller inférieur.

HOUILLER INFÉRIEUR.

Niederburbach, près Thann (Alsace).

Cordaïtées.

Genre CORDAITES. UNGER.

Flabellaria. Sternberg, *Ess. Fl. monde prim.*, I, fasc. 2, p. 36 (pars).
Pychnophyllum. Brongniart, *Tabl. des genres de végét. foss.*, p. 65; *non* Rémy.
Cordaites. Unger, *Gen. et sp. plant. foss.*, p. 277.

Végétaux arborescents, à ramification irrégulière. Feuilles alternes, réunies en bouquet au bout des rameaux. Feuilles sessiles, simples, de forme ovale-lancéolée ou spatulée, obtusément aiguës ou tout à fait arrondies au sommet, souvent divisées par lacération vers leur extrémité. Ces feuilles étaient coriaces, épaissies vers la base, et laissaient sur les rameaux, après leur chute, des cicatrices disposées en hélice, généralement plus larges que hautes, ovales ou arquées, tournant leur convexité vers le haut, légèrement décurrentes par leurs extrémités latérales, et marquées de plusieurs cicatricules vasculaires ponctiformes, égales, disposées sur une même ligne horizontale. Les feuilles sont parcourues de nervures longitudinales parallèles, très-rapprochées et le plus souvent inégales, des nervures plus fortes, espacées à intervalles à peu près égaux, comprenant entre elles un certain nombre de nervures plus fines. Entre les nervures on distingue à la loupe de fines rides transversales.

Les tiges et les rameaux présentaient à leur intérieur un canal médullaire de diamètre considérable, dans lequel la moelle était concentrée en une série de diaphragmes plus ou moins rapprochés, perpendiculaires à l'axe ou légèrement obliques. On trouve assez fréquemment des moules de ces canaux médullaires (*Artisia* Sternberg), tantôt cylindriques, tantôt anguleux, marqués de sillons transversaux étroits quelquefois embranchés les uns sur les autres et plus ou moins espacés, ces sillons correspondant aux diaphragmes.

Inflorescences en épis, portant les uns des organes mâles, les autres des organes femelles [1]. Les épis mâles sont généralement composés de plusieurs petits bourgeons écailleux affectant une disposition distique, c'est-à-dire rangés en deux séries diamétralement opposées ; ces bourgeons renferment les étamines, groupées le plus souvent vers le centre, c'est-à-dire à l'extrémité de l'axe du bourgeon, et dont les loges sont quelquefois visibles sur les empreintes, faisant saillie au-dessus des écailles qui les entourent. Les épis femelles sont composés de jeunes graines placées à l'aisselle de bractées et affectant souvent aussi une disposition distique. Les graines mûres présentent une forme ovale ou orbiculaire, le plus souvent à section transversale elliptique, à sommet généralement aigu et à base un peu échancrée en cœur.

Le nom de *Pycnophyllum*, donné en 1849 à ce genre par Brongniart, a dû être abandonné pour le nom plus récent d'Unger, M. Rémy l'ayant attribué en 1846 à un genre de Caryophyllées.

CORDAITES BORASSIFOLIUS. Sternberg (sp.).

Flabellaria borassifolia. Sternberg, *Ess. Fl. monde prim.*, I, fasc. 2, p. 31 et 36, pl. XVIII.
— Corda, *Flora protogæa*, p. 44, pl. XXIV.
Cordaites borassifolia. Unger, *Gen. et sp. plant. foss.*, p. 277.

Feuilles ovales-lancéolées, variant de 25 à 60 centimètres de longueur sur 3 à 8 centimètres de largeur, à sommet obtus, mais paraissant parfois terminées en pointe aiguë, soit parce qu'elles sont incomplètes, les bords ayant été lacérés et enlevés, soit parce que, vers l'extrémité, les bords sont enroulés en dessous, ce qui modifie le contour de la face supérieure. Ces feuilles sont souvent divisées par lacération, à partir du sommet et très-profondément, en lanières parallèles plus ou moins nombreuses. Nervures parallèles très-régulières, alternativement fortes et fines, deux nervures fortes comprenant entre elles une nervure plus fine ; l'espacement des nervures de même force varie de 1/3 à 1/2 millimètre ; parfois la différence entre les nervures s'atténue, et elles paraissent alors toutes de force presque égale.

[1] Voir, pour l'organisation des fleurs de *Cordaites*, Grand'Eury, *Flore carbonifère du département de la Loire*, p. 226 ; et B. Renault, *Comptes rendus de l'Académie des sciences*, t. LXXXIV, p. 782 et 1328.

Cette espèce est répandue dans le terrain houiller supérieur et dans le terrain houiller moyen; elle m'a paru se trouver, dans celui-ci, plus particulièrement dans les couches les plus élevées.

HOUILLER MOYEN.

BASSIN DU NORD ET DU PAS-DE-CALAIS. — Aniche : fosse Fénelon, veine du Sondage. (Nord.) — Dourges : f. n° 2, v. à trois sillons. Courrières : f. n° 2, v. Eugénie, v. Joséphine. Lens : f. n° 2, v. du Souich; f. n° 4, v. François. Bully-Grenay : f. n° 3, v. n° 3; f. n° 5, v. Sainte-Barbe sud. Nœux : f. n° 1, v. Saint-Augustin. (Pas-de-Calais.)

HOUILLER SUPÉRIEUR.

BASSIN DE LA LOIRE. — Montrond (Rhône). — La Chazotte : puits Chaleyer. Montieux. Roche-la-Molière : couche du Péron. Treuil : 2ᵉ couche. La Malafolie. (Loire.) [GRAND' EURY.]

Brassac : la Combelle et zone supérieure. Saint-Éloy. (Puy-de-Dôme.) [GRAND'EURY.]
La Mure (Isère). — Moutiers (Savoie).
Prades (Ardèche). [GRAND'EURY.]
Graissessac (Hérault). [GRAND'EURY.]
BASSIN DE DECAZEVILLE. — La Vaysse (Aveyron).
Decize (Nièvre).
BASSIN DE SAÔNE-ET-LOIRE. — Blanzy : grande couche inférieure. [GRAND'EURY.]
BASSIN D'AUTUN. — Épinac. Sully. (Saône-et-Loire.) [GRAND'EURY.]
Saint-Pierre-Lacour (Mayenne).

CORDAITES ANGULOSOSTRIATUS. GRAND'EURY.

(Atlas, pl. CLXXV, fig. 2 et 3.)

Cordaites angulosostriatus. Grand'Eury, Flore carbonifère du départ. de la Loire, p. 217, pl. XIX.

Feuilles ovales allongées, atteignant leur plus grande largeur au delà du milieu, longues de 35 à 80 centimètres, larges de 15 à 25 millimètres à la base, atteignant plus loin 4 à 12 centimètres de largeur, arrondies au sommet, habituellement entières, rarement lacérées; marquées de nervures fortes, un peu inégales, espacées de 1/3 à 2/3 de millimètre, comprenant entre elles des nervures très-fines en nombre variable, de deux à cinq habituellement.

J'ai vu sur deux échantillons de cette espèce, provenant de Saint-Étienne et donnés à l'École des mines par M. Grand'Eury, des épis mâles encore attachés aux rameaux, au milieu du bouquet de feuilles dont ceux-ci étaient garnis. Chacun de ces épis est composé d'un petit rameau de 2 millimètres à 2^{mm},5 de diamètre, long de 5 à 6 centimètres, nu sur 15 à 20 millimètres et portant sur le reste de sa longueur de petits bourgeons floraux qui paraissent distiques. Ces bourgeons sont ovoïdes, longs de 3 à 4 millimètres, formés d'écailles imbriquées; on aperçoit à leur sommet des anthères saillantes, de 3/4 de millimètre de longueur, paraissant formées de deux ou peut-être de quatre loges amincies en pointe vers le bas, accolées ensemble, mais un peu disjointes vers le sommet. L'un de ces échantillons est d'ailleurs représenté sur la planche CLXXV avec une fidélité parfaite.

Cette espèce paraît propre au terrain houiller supérieur.

HOUILLER SUPÉRIEUR.

Bassin de la Loire. — *Saint-Chamond :* puits du Château. *La Chazotte. Montcel. Méons. La Barallière :* 8e couche. *Montaud :* puits Avril. *Côte-Thiollière. Reveux :* 13e couche. (Loire.) [Grand'Eury.]

Bassin d'Alais. — *Bessèges* (Gard). [Grand'Eury.]

Graissessac. Neffiez. (Hérault.) [Grand'Eury.]

Commentry (Allier).

Bassin de Saône-et-Loire. — *Blanzy :* grande couche inférieure. [Grand'Eury.]

CORDAITES FOLIOLATUS. Grand'Eury.

Cordaites foliolatus. Grand'Eury, *Flore carbonifère du départ. de la Loire,* p. 219, pl. XXI, fig. 3.

Feuilles ovales allongées, de 4 à 8 centimètres de longueur, larges à la base de 5 à 10 millimètres, atteignant au milieu 10 à 20 millimètres de largeur, à sommet obtus, marquées de nervures presque égales, espacées de 1/4 à 1/2 millimètre.

Cette espèce paraît propre au terrain houiller supérieur, où elle se montre surtout dans les régions inférieure et moyenne.

HOUILLER SUPÉRIEUR.

BASSIN DE LA LOIRE.— *Saint-Chamond. La Chazotte. La Calaminière. Saint-Priest. Cros. Côte-Thiollière. Reveux.* (Loire.) [GRAND'EURY.]
Brassac : la Combelle. (Puy-de-Dôme.) [GRAND'EURY.]
La Mure (Isère). [GRAND'EURY.]
BASSIN D'ALAIS. — *Portes* (Gard). [GRAND'EURY.]
Carmaux (Tarn).
Ronchamp (Haute-Saône). [GRAND'EURY.]

Genre POACORDAITES. GRAND'EURY.

Poacordaites. Grand'Eury, *Flore carbonifère du départ. de la Loire*, p. 222.

Ce genre se distingue du genre *Cordaites* par la forme de ses feuilles, qui sont linéaires, très-étroites et très-longues, amincies vers le bout et obtuses au sommet. Elles sont marquées de nervures fines, serrées, presque égales, et s'attachent à des rameaux grêles, qu'elles garnissent sur une assez grande longueur.

Les organes floraux paraissent analogues à ceux des vrais *Cordaites.*

POACORDAITES MICROSTACHYS. GOLDENBERG (sp.).

(Atlas, pl. CLXXV, fig. 1.)

Cordaites microstachys. Goldenberg, in Weiss, *Foss. Fl. der jüngst. Steinkohl. und des Rothlieg.*, p. 194; p. 195, fig. 1 à 4.
Poacordaites linearis. Grand'Eury, *Flore carbonifère du départ. de la Loire*, p. 225, pl. XXIII; pl. XXIV, fig. 1 à 3.

Feuilles linéaires, longues de 3 à 15 et 20 centimètres et parfois plus, sur 4 à 8 millimètres de largeur, obtuses au sommet, et marquées de nervures espacées de 1/4 à 1/3 de millimètre, comprenant entre elles une ou deux nervures un peu plus faibles. Ces feuilles s'attachent à des rameaux de 3 à 10 millimètres de diamètre, sur l'écorce desquels elles laissent, après leur chute, des cicatrices de 3 à 4 millimètres de largeur sur 1 à 2 millimètres de hauteur, à bord supérieur arqué, à bord inférieur presque droit.

Sur l'échantillon figuré à la planche CLXXV, on distingue un petit épi, naissant à l'aisselle d'une feuille, et qui paraît porter de jeunes graines à contour ovoïde, à sommet aigu, fixées à l'aisselle de courtes bractées et affectant une disposition distique.

M. Grand'Eury indique lui-même l'identité de son *Poacordaites linearis* avec le *Cordaites microstachys*, publié en 1871 par le docteur Weiss, et dont la figure, d'ailleurs, ne peut laisser aucun doute; le nom spécifique de *microstachys*, ayant incontestablement la priorité, doit donc remplacer celui de *linearis*.

Cette espèce paraît propre au terrain houiller supérieur, dans lequel elle n'est pas rare.

HOUILLER SUPÉRIEUR.

BASSIN DE LA LOIRE. — *La Chazotte. Treuil :* 2ᵉ couche. *Quartier-Gaillard. Montaud :* puits Rolland. *Méons. Montrambert. La Béraudière.* (Loire.) [GRAND'EURY.]

BASSIN D'ALAIS. — *Portes* (Gard). [GRAND'EURY.]

Carmaux (Tarn).

Bosmoreau. [GRAND'EURY.] *Ahun.* (Creuse.)

Genre DORYCORDAITES. GRAND'EURY.

Dorycordaites. Grand'Eury, *Flore carbonifère du départ. de la Loire*, p. 214.

Ce genre diffère du genre *Cordaites* par la forme et la nervation de ses feuilles, et vraisemblablement aussi par l'organisation de ses inflorescences et par sa structure anatomique. Les feuilles sont lancéolées, aiguës au sommet, parcourues par des nervures toutes égales, très-fines et extrêmement serrées; ces derniers caractères suffisent à les distinguer même des *Cordaites* à nervures égales. Je ne fais d'ailleurs qu'indiquer ici ce genre, signalé par M. Grand'Eury dans les couches supérieures du bassin de la Loire, mais qui n'est pas très-répandu et n'est pas encore bien connu, et je ne crois pas utile d'en décrire spécialement aucune espèce.

Dolérophyllées.

Genre DOLEROPTERIS. GRAND'EURY.

Doleropteris. Grand'Eury, *Flore carbonifère du départ. de la Loire*, p. 194.
An **Cyclopteris.** Brongniart, *Hist. végét. foss.*, I, p. 215 (pars) ?

Feuilles à contour arrondi, généralement dissymétriques, entières ou divisées par lacération, atténuées en coin à la base, ou bien en cœur et munies de deux oreillettes séparées ou se recouvrant l'une l'autre. Nervures nombreuses, inégales, souvent peu nettes et peu régulières dans leur cours, rayonnant toutes de la base, arquées ou flexueuses, divisées par dichotomie.

Je doute qu'aucun des *Cyclopteris* décrits dans l'*Histoire des végétaux fossiles* appartienne à ce genre, car Brongniart indique pour eux tous des nervures égales, tandis que les nervures des *Doleropteris* sont au contraire inégales, les unes assez fortes, les autres, comprises entre celles-ci, beaucoup plus fines et souvent discontinues.

DOLEROPTERIS PSEUDOPELTATA. GRAND'EURY.

Doleropteris pseudopeltata. Grand'Eury, *Flore carbonifère du départ. de la Loire*, p. 196, pl. XVI, fig. 1 E.

Feuilles très-grandes, à contour orbiculaire ou ovale, atteignant 15 à 25 centimètres de diamètre, ayant l'apparence peltée, c'est-à-dire attachées par le centre ou par un point voisin du centre, en réalité pourvues à leur base d'insertion de deux grandes oreillettes arrondies qui se recouvrent complétement l'une l'autre, de telle sorte que le contour général du limbe présente à peine une échancrure ou paraît même tout à fait continu. Nervures nombreuses, rayonnant toutes du point d'insertion, arquées vers le bas, se divisant par dichotomie sous des angles très-aigus, mais d'une façon assez peu nette vers le centre et bien distincte au contraire vers les bords du limbe.

Entre les nervures vraies on distingue de fausses nervures plus fines, très-serrées, interrompues çà et là, et provenant de la présence, dans l'épaisseur de la feuille, de nombreux canaux gommeux qui suivent la même marche que les nervures.

Cette espèce est particulière au terrain houiller supérieur.

HOUILLER SUPÉRIEUR.

Bassin de la Loire. — *Saint-Chamond. Saint-Étienne :* puits Jabin; p. du Mont; p. Mars. *La Barallière. Avaize.* [Grand'Eury.] *Cros.* (Loire.)

Bassin de Saône-et-Loire. — *Saint-Bérain.* [Grand'Eury.]

2. Conifères.

Les Conifères vivants sont excessivement nombreux et d'aspect extrêmement variable. Ce sont tous des végétaux ligneux, à ramification abondante, munis de feuilles simples de forme très-variable, rarement épanouies en un limbe véritable : ces feuilles sont d'ordinaire petites, très-simples, assez épaisses, et ont fréquemment la forme d'aiguillons ou de crochets; elles sont disposées en spirale sur les rameaux, et quelquefois verticillées. Un certain groupe, dont plusieurs auteurs font une famille à part, les *Gnétacées,* présente des rameaux articulés. Les fleurs mâles, très-diversement organisées, sont composées de feuilles transformées, réunies en épi, et portant à leur face inférieure les sacs polliniques. Les fleurs femelles sont aussi très-variables d'aspect; le plus souvent les écailles qui portent les ovules sont rapprochées les unes des autres et disposées en spirale autour d'un axe ligneux, formant ainsi des cônes, comme dans les pins, sapins, cèdres, etc.

Parmi les plantes houillères que je réunis ici comme appartenant aux Conifères, les unes s'en rapprochent par leurs caractères anatomiques, les autres, dont l'organisation n'est pas connue, s'en rapprochent par leur aspect. Ainsi le groupe des *Calamodendrées,* comprenant les genres *Calamodendron* et *Arthropitys,* paraît, par sa structure, par ses tiges et ses rameaux articulés, devoir être placé parmi les Conifères, près des Gnétacées[1]. Quant aux genres

---

[1] Voir *Comptes rendus de l'Académie des sciences,* t. LXXXIII, p. 546. B. Renault, *Des Calamodendrées et de leurs affinités botaniques probables.*

Walchia et *Dicranophyllum*, dont on ne connaît que des empreintes, c'est
par leur mode de ramification, par l'ensemble de leurs caractères extérieurs,
qu'ils se montrent alliés aux Conifères, le premier surtout, qui porte de
véritables cônes et dont les rameaux feuillés ressemblent beaucoup à ceux
des *Araucaria;* pour le second, ses feuilles divisées en fourche n'ont guère
d'analogue, au premier abord, dans le monde vivant; mais on trouve des
feuilles bilobées chez certains Conifères avec lesquels on l'a comparé, et la
présence fréquente de bourgeons à l'aisselle de ses feuilles ne permettait
pas de le ranger parmi les Lycopodiacées, seule famille à laquelle on eût pu
songer en dehors de celle-ci.

Genre CALAMODENDRON. Brongniart.

Calamitea. Cotta, *Dendrolithen,* p. 67 (pars).
Calamodendron. Brongniart, *Tabl. des genres de végét. foss.,* p. 50.

Végétaux ligneux, articulés, munis de rameaux disposés en verticilles,
naissant aux articulations, et de feuilles également verticillées. Les tiges sont
parcourues suivant leur axe par un canal médullaire de grand diamètre. Le
bois est formé de coins ligneux rayonnants, occupant la périphérie du canal
médullaire et séparés par des bandes fibreuses ou cellulaires. L'alternance
de ces lames différemment organisées donne au contour de la zone ligneuse
un aspect cannelé, les bandes cellulaires ou fibreuses, moins résistantes,
ayant dû former des sillons entre les bandes ligneuses, qui ont pris l'apparence de côtes. Ces bandes alternant d'un entre-nœud à l'autre et se croisant
aux articulations, il en résulte que les côtes et les sillons alternent à chaque
articulation, comme dans les *Calamites.* Les tiges de *Calamodendron* présentent
habituellement une écorce charbonneuse, plus ou moins épaisse et presque
lisse, à la surface de laquelle on distingue cependant, en l'examinant de
près, des sillons longitudinaux équidistants, qui correspondent aux sillons
sous-corticaux, c'est-à-dire aux lames cellulaires ou fibreuses. Ces sillons
occupent la hauteur de chaque entre-nœud et s'arrêtent aux articulations,
dont la place est indiquée par leur interruption, et de part et d'autre desquelles ils alternent régulièrement. Les articulations sont en outre marquées
de cicatrices rondes, à contour plus ou moins net, laissées par des rameaux

vraisemblablement caducs; ces cicatrices sont disposées en quinconce, étant placées à l'intersection des articulations, de deux en deux, avec une série de lignes verticales équidistantes; les sillons de l'écorce s'infléchissent autour de ces cicatrices.

Le moule interne, dépourvu d'écorce charbonneuse, se montre contracté aux articulations; les entre-nœuds en sont marqués de cannelures plus ou moins régulières; les cicatrices raméales y sont indiquées par la convergence de plusieurs côtes (six à huit environ) de chacun des deux entre-nœuds; en outre on remarque des cicatrices plus petites, correspondant sans doute aux insertions des feuilles, et auxquelles viennent converger deux ou trois des côtes de chaque entre-nœud. Enfin, sur le moule, les côtes portent fréquemment à leur partie supérieure ou à leur partie inférieure, c'est-à-dire immédiatement au-dessus ou au-dessous de l'articulation, un mamelon saillant, arrondi ou ovale, semblable à ceux des vrais *Calamites* et paraissant correspondre à un groupe de cellules particulières. Je n'ai jamais vu ces mamelons se montrer sur l'écorce charbonneuse.

En résumé, ces tiges se distinguent des *Calamites* par la régularité beaucoup moindre des cannelures, à peine sensibles sur les tiges encore munies d'une écorce charbonneuse, par l'absence fréquente de tubercules au sommet des côtes, par la convergence de ces côtes, sur les moules décortiqués, vers le centre des cicatrices foliaires et des cicatrices raméales, enfin par l'apparence même de ces cicatrices raméales, moins grandes, à contour moins nettement délimité, et disposées en quinconce régulier sur les articulations.

On ne connaît pas avec certitude les rameaux feuillés des *Calamodendron*, mais il paraît incontestable qu'on doit considérer comme tels certains *Asterophyllites* à rameaux ligneux et à feuilles coriaces. D'ailleurs, M. Grand'Eury a signalé à la réunion de l'*Association française pour l'avancement des sciences*, à Paris, au mois d'août 1878, la découverte qu'il avait faite d'un rameau d'Astérophyllite offrant, à l'aisselle d'une de ses feuilles, un épi mâle, composé de bractées portant à leur face inférieure des sacs polliniques semblables à ceux de certains végétaux gymnospermes. Mais je me borne à signaler ici les tiges, sans parler plus longuement des rameaux, la distinction entre les Astérophyllites gymnospermes, correspondant aux *Calamodendron*, et les Astérophyllites cryptogames ne pouvant actuellement être établie d'une façon positive.

Je dois faire remarquer que le genre *Calamodendron*, fondé par Brongniart, d'après Cotta, principalement sur les caractères anatomiques de tiges à structure conservée, a été dédoublé depuis par Gœppert en deux genres, le genre *Arthropitys*[1], dans lequel les coins de bois sont séparés par des bandes cellulaires seulement, et le genre *Calamodendron*, dans lequel les coins de bois sont séparés par des bandes cellulaires et par des bandes fibreuses. Je n'ai pas à insister sur cette division, qui ne peut s'appliquer qu'aux tiges où l'organisation interne a été conservée. J'ajouterai seulement qu'il paraît probable, suivant M. B. Renault, que l'espèce décrite ci-dessous appartient plutôt, d'après les caractères qu'on peut distinguer sur l'écorce charbonneuse, à un *Arthropitys* qu'à un *Calamodendron* proprement dit. En tout cas, je laisse ici au genre *Calamodendron* le sens général que lui avait donné Brongniart.

CALAMODENDRON CRUCIATUM. Sternberg (sp.).

(Atlas, pl. CLXXIV, fig. 3.)

Calamites cruciatus. Sternberg, *Ess. Fl. monde prim.*, I, fasc. 4, p. xxvii, pl. XLIX, fig. 5.
Calamites regularis. Sternberg, *l. c.*, p. xxvii, pl. LIX, fig. 1.

Tiges de 15 à 20 centimètres de diamètre en moyenne, à articles de longueur très-inégale, habituellement longs de 15 à 35 millimètres, mais descendant quelquefois à 10 millimètres et pouvant aller d'autre part jusqu'à 50 centimètres. Côtes de 1^{mm},5 à 2 millimètres de largeur; sillons élargis au voisinage des articulations, du moins sur le moule interne. Cicatrices raméales rondes, déprimées, de 6 à 8 millimètres de diamètre sur les tiges munies de leur écorce, habituellement réduites sur le moule interne à un petit tubercule central de 1 millimètre environ de diamètre. Ces cicatrices sont espacées, sur une même articulation, de 6 à 8 centimètres, et en nombre variable avec le diamètre des tiges.

On voit quelquefois, sur les moules, les côtes s'effacer peu à peu sur la partie moyenne des entre-nœuds et ne rester bien distinctes qu'au voisinage des lignes d'articulation : le type extrême de ce genre de modification présente,

---

[1] Gœppert, *Fossile Flora der permischen Formation*, p. 183. (*Palæontographica*, t. XII.)

au-dessus et au-dessous de chaque articulation, une bande légèrement saillante, nettement délimitée, de largeur inégale, haute de 2 à 5 millimètres, sur laquelle les côtes sont bien marquées; la partie moyenne de l'entre-nœud, comprise entre ces bandes, est au contraire complétement lisse.

La face postérieure de l'échantillon que j'ai figuré présente l'empreinte en saillie d'une branche qui s'est probablement trouvée entraînée dans l'anneau d'écorce avant que celui-ci fût rempli de vase, et sur laquelle l'écorce a été moulée par la compression. Cette branche, qu'il paraît assez naturel de rapporter au *Calamodendron cruciatum,* a 4 millimètres de diamètre; elle est articulée, et renflée aux articulations; les entre-nœuds ont 30 à 35 millimètres de longueur; de chaque articulation partent deux ramules opposés, étalés tous dans le même plan, faisant avec le rameau un angle d'environ 40°; ils sont articulés, et la longueur de leurs articles est de 10 à 20 millimètres; les articulations en sont également renflées, mais on n'y aperçoit aucune trace de feuilles.

Cette espèce est particulière au terrain houiller supérieur, et s'y rencontre abondamment.

HOUILLER SUPÉRIEUR.

BASSIN DE LA LOIRE. — *Saint-Chamond. La Chazotte. Roche la-Molière :* couche du Sagnat, couche du Péron. *Méons :* 8ᵉ couche. *Montaud. La Porchère :* 14ᵉ et 15ᵉ couches. *Treuil. Cros. Côte-Thiollière. La Barallière :* puits du Crêt. *Avaize. La Béraudière. Montrambert :* couche des Littes. *La Malafolie.* (Loire.) [GRAND'EURY.]

BASSIN D'ALAIS. — *Bessèges. La Grand'Combe. Champclauson. Portes.* (Gard.) [GRAND' EURY.]

Graissessac. Neffiez. (Hérault.) [GRAND'EURY.]

BASSIN DE DECAZEVILLE. — *La Vaysse. Firmy.* (Aveyron.)

Ahun. Bosmoreau. (Creuse.)

Decize (Nièvre).

Commentry : couche du Marais, grande couche, couche des Pourrats. *Bert.* (Allier.) [GRAND'EURY.]

Saint-Éloy. (Puy-de-Dôme). [GRAND'EURY.]

BASSIN DE SAÔNE-ET-LOIRE. — *Saint-Bérain. Longpendu.* [GRAND'EURY.] *Montchanin.* (Saône-et-Loire.)

BASSIN D'AUTUN. — *Grand-Moloy* (Saône-et-Loire). [GRAND'EURY.]

Saint-Pierre-Lacour (Mayenne).

Littry (Calvados).

Saint-Nazaire (Var). [GRAND'EURY.]

Genre WALCHIA. Sternberg.

Lycopodiolithes. Schlotheim, *Petrefactenkunde*, p. 413 (pars).
Lycopodites. Brongniart, *Classif. végét. foss.*, p. 9 et 31. *Dict. sc. nat.*, t. LVII, p. 89. (Pars.)
Walchia. Sternberg, *Ess. Fl. monde prim.*, I, fasc. 4, p. xxii.

Végétaux arborescents. Troncs portant, sans doute en verticilles, des rameaux pinnés, c'est-à-dire garnis de ramules naissant sur deux lignes opposées et étalés dans un même plan. Feuilles simples, sessiles, très-nombreuses et très-rapprochées, élargies et décurrentes à la base, souvent arquées, amincies vers le sommet, carénées sur le dos, généralement assez courtes, disposées en hélice autour des rameaux et des ramules. Les organes de fructification étaient des cônes, portés à l'extrémité des ramules et composés d'écailles imbriquées très-serrées; on n'en connaît pas exactement l'organisation.

WALCHIA PINIFORMIS. Schlotheim (sp.).

(Atlas, pl. CLXXVI, fig. 3.)

Lycopodiolithes piniformis. Schlotheim, *Petrefactenkunde*, p. 415, pl. XXIII, fig. 1 *a*; pl. XXV, fig. 1.
Walchia piniformis. Sternberg, *Ess. Fl. monde prim.*, I, fasc. 4, p. xxii.

Rameaux de 6 à 12 millimètres de diamètre, garnis de ramules distiques très-étalés, longs de 6 à 15 centimètres, espacés d'un même côté de 5 à 10 millimètres; ramules droits ou un peu flexueux, presque égaux, ne diminuant de longueur que vers l'extrémité des rameaux. Feuilles étroitement imbriquées, décurrentes à la base, se détachant des ramules sous un angle de 45 à 70°, puis courbées en faux et redressées, se terminant en pointe aiguë. Feuilles des ramules longues de 6 à 8 millimètres, larges de 1 à 2 millimètres; feuilles des rameaux un peu plus larges, longues de 12 à 15 millimètres, plus étroitement appliquées.

Cônes placés à l'extrémité des rameaux, ovoïdes, ou cylindriques et arrondis aux deux bouts, longs de 2 à 4 centimètres sur 1 centimètre de diamètre.

Cette espèce, répandue surtout dans le terrain permien, se rencontre déjà dans le terrain houiller supérieur.

HOUILLER SUPÉRIEUR.

BASSIN DE LA LOIRE. — *Montrond* (Rhône). — *Grand'Croix. Landuzière: Treuil :* 1re et 2° couches. *Roche-la-Molière :* puits Neyron. *Unieux :* p. Rabouin. (Loire.) [GRAND'EURY.]

BASSIN D'ALAIS. — *Portes* (Gard). [GRAND'EURY.]

BASSIN DE DECAZEVILLE. — *La Vaysse* (Aveyron). [GRAND'EURY.]

Cublac (Dordogne). [GRAND'EURY.]

Buxière-la-Grue (Allier). [GRAND'EURY.]

BASSIN DE SAÔNE-ET-LOIRE. — *Blanzy :* grande couche inférieure. *Le Creusot.* [GRAND'EURY.]

Saint-Nazaire (Var). [GRAND'EURY.]

PERMIEN.

Mines de *Bert* (Allier). [GRAND'EURY.]

Schistes bitumineux de *Charmoy*, de *Chambois*, de *Lally*, près Autun (Saône-et-Loire). [GRAND'EURY.]

Brive : carrière du Gourd-du-Diable. (Corrèze.)

Schistes ardoisiers de *Lodève* (Hérault).

WALCHIA HYPNOIDES. BRONGNIART.

(Atlas, pl. CLXXVI, fig. 4.)

Fucoïdes hypnoïdes. Brongniart, *Hist. végét. foss.*, I, p. 84, pl. IX *bis*, fig. 1 et 2.

Walchia hypnoïdes. Brongniart, *Tabl. des genres de végét. foss.*, p. 71 et 100.

Cette espèce diffère du *Walchia piniformis* par les dimensions moindres de toutes ses parties : rameaux de 3 à 4 millimètres de diamètre; ramules longs de 3 à 6 centimètres, espacés d'un même côté de 3 à 5 millimètres, droits ou un peu arqués. Feuilles imbriquées, décurrentes, se détachant des ramules sous un angle de 40 à 50°, faiblement arquées, aiguës au sommet. Feuilles des ramules longues de 2 à 3 millimètres, larges de 1 millimètre; feuilles des rameaux un peu plus longues et plus étroitement appliquées.

Cônes placés à l'extrémité des ramules, ovoïdes, longs de 7 à 10 millimètres sur 4 à 5 millimètres de diamètre.

Cette espèce est surtout répandue dans le terrain permien, mais on la trouve déjà vers le sommet du terrain houiller supérieur.

HOUILLER SUPÉRIEUR.

Bassin de la Loire. — *Saint-Priest. Roche-la-Molière* : puits Neyron. *Sorbiers*. (Loire.) [Grand'Eury.]

PERMIEN.

Schistes bitumineux de *Charmoy* et de *Chambois*, près Autun (Saône-et-Loire). [Grand' Eury.]

Schistes ardoisiers de *Lodève* (Hérault).

WALCHIA IMBRICATA. Schimper.

Walchia imbricata. Schimper, *Traité de paléont. végét.*, II, p. 239, pl. LXXIII, fig. 3.

Cette espèce diffère du *Walchia piniformis* par ses feuilles plus épaisses, plus serrées, et obtuses au sommet. Rameaux de 6 à 8 millimètres de diamètre; ramules se détachant sous un angle de 45 à 50°, longs de 6 à 8 centimètres, espacés d'un même côté de 10 à 15 millimètres, droits ou un peu arqués. Feuilles étroitement imbriquées, très-serrées, épaisses, à section tétragone, décurrentes à la base, légèrement arquées, appliquées les unes sur les autres, terminées en pointe obtuse, nettement carénées sur le dos. Feuilles des ramules longues de 4 à 8 millimètres, larges de 1mm,5 à 2 millimètres; feuilles des rameaux longues de 10 à 15 millimètres, larges de 2 millimètres, dressées et appliquées. Les ramules garnis de feuilles ont de 6 à 12 centimètres de largeur et se touchent les uns les autres, tandis que dans les deux espèces précédentes ils sont toujours nettement séparés.

Cette espèce se rencontre vers le sommet du terrain houiller supérieur et dans le terrain permien.

HOUILLER SUPÉRIEUR.

Bassin de Decazeville. — *La Vaysse* (Aveyron).

PERMIEN.

Schistes bitumineux de *Charmoy*. [Grand'Eury.] *Autan*. [Schimper.] (Saône-et-Loire.)

WALCHIA FILICIFORMIS. Schlotheim (sp.).

Lycopodiolithes filiciformis. Schlotheim, *Petrefactenkunde*, p. 414, pl. XXIV; *an* pl. XXIII, fig. 1 *b*?
Walchia filiciformis. Sternberg, *Ess. Fl. monde prim.*, I, fasc. 4, p. XXII.
Walchia affinis. Sternberg, *l. c.*, p. XXII.

Rameau de 4 à 6 millimètres de diamètre; ramules longs de 8 à 10 centimètres, espacés d'un même côté de 5 à 15 millimètres, droits ou un peu arqués. Feuilles très-serrées, se détachant à angle droit des ramules ou même un peu réfléchies à la base, puis redressées et courbées en crochet, aiguës au sommet. Feuilles des ramules longues de 3 à 5 millimètres, larges de 1 millimètre; feuilles des rameaux longues de 10 à 12 millimètres, un peu moins étalées.

Cette espèce paraît spéciale au terrain permien.

PERMIEN.

Schistes bitumineux de *Chambois* et de *Millery*, près Autun (Saône-et-Loire). [Grand' Eury.]

Brive (Corrèze).

Schistes ardoisiers de *Lodève* (Hérault).

Genre DICRANOPHYLLUM. Grand'Eury.

Dicranophyllum. Grand'Eury, *Comptes rendus Acad. sc*, t. LXXX, p. 1021. *Flore carbonifère du départ. de la Loire*, p. 272.

Végétaux ligneux à ramification irrégulière et peu fréquente. Feuilles linéaires, divisées par bifurcation en deux lobes également linéaires, simples ou bifurqués de nouveau, terminés en pointe plus ou moins aiguë; nervures parallèles au bord de la feuille et paraissant se diviser par dichotomie. Les feuilles étaient insérées en hélice sur les rameaux, très-nombreuses, contiguës par leurs bases; elles s'attachaient par un écusson rhomboïdal allongé dans le sens vertical; dressées vers l'extrémité des rameaux, elles s'étalaient sur les portions de branches plus âgées et finissaient souvent par se renverser complétement en arrière.

On a trouvé, sur plusieurs échantillons, de petits bourgeons écailleux placés à l'aisselle des feuilles et qui étaient peut-être des bourgeons floraux; mais on ne connaît pas le mode de fructification de ces végétaux.

DICRANOPHYLLUM GALLICUM. Grand'Eury.

(Atlas, pl. CLXXVI, fig. 1 et 2.)

Dicranophyllum gallicum. Grand'Eury, *Flore carbonifère du départ. de la Loire,* p. 275, pl. XIV, fig. 8 à 10.

Feuilles longuement persistantes, attachées par un écusson rhomboïdal de 2 à 3 millimètres de largeur sur 4 à 6 millimètres de longueur, larges de 2 millimètres environ, linéaires et simples sur 15 à 20 millimètres de longueur, puis se partageant sous un angle d'environ 30° en deux branches symétriques de 10 à 15 millimètres de longueur, dont chacune se bifurque de même sous un angle de 40 à 50° en deux dents aiguës, longues de 8 à 10 millimètres. La première partie de la feuille est marquée de trois nervures parallèles, dont la médiane se bifurque en même temps que la feuille elle-même, et dont les deux plus extérieures s'infléchissent pour se prolonger dans chaque lobe. Chacun des deux lobes est ainsi parcouru par deux nervures parallèles, qui s'infléchissent à la bifurcation et se rendent dans les dents, qui sont uninerviées. La nervure médiane de la portion simple correspond à un pli saillant qui se prolonge en une carène sur l'écusson d'attache; le point où se détache la partie libre de la feuille est placé vers le quart supérieur de l'axe de l'écusson, lequel offre ainsi, avec sa carène longitudinale, une grande analogie d'aspect avec les mamelons foliaires des *Lepidodendron*. Les feuilles, dressées au sommet des rameaux, se renversent plus tard complétement en arrière; la figure 1 de la planche CLXXVI, qui représente un rameau déjà un peu âgé, doit être placée en sens inverse.

Cette espèce est particulière au terrain houiller supérieur, où on la rencontre assez fréquemment.

HOUILLER SUPÉRIEUR.

Bassin de la Loire. — *Montrond* (Rhône). — *Saint-Chamond. Saint-Étienne.* (Loire.) [Grand'Eury.]

Langeac. Grosmesnil. (Haute-Loire.) — *Brassac* (Puy-de-Dôme). [GRAND'EURY.]
Argentat (Corrèze).

Bosmoreau. [GRAND'EURY.] *Ahun.* (Creuse.)

Commentry : grande couche. (Allier.) [GRAND'EURY.]

BASSIN D'AUTUN. — *Épinac* : étage inférieur. (Saône-et-Loire.) [GRAND'EURY.]

Ronchamp (Haute-Saône). [GRAND'EURY.]

3. Graines fossiles.

On trouve assez fréquemment dans le terrain houiller des graines de formes et de dimensions très-variables, qu'on ne peut rapporter avec certitude aux végétaux qui les ont portées, et qu'on est par conséquent obligé de classer à part. L'étude anatomique de ces graines, conservées en grand nombre à l'état silicifié, a montré à Brongniart qu'elles appartenaient toutes à la classe des gymnospermes et comprenaient un nombre de genres distincts très-considérable, bien supérieur au nombre des genres établis dans cette classe sur les empreintes de feuilles ou de tiges. Il faut donc admettre, ou que l'on ne connaît encore à l'état d'empreintes qu'une assez faible partie des végétaux gymnospermes de la flore houillère, ou plutôt peut-être que les genres établis sur les formes extérieures comprennent des types distincts et assez diversement constitués, au moins en ce qui concerne les organes de reproduction. C'est là, en effet, ce qui arrive pour les graines elles-mêmes, qui, d'après les caractères extérieurs, se groupent en un nombre assez restreint de types différents. N'ayant en vue ici que les empreintes, je me bornerai, comme je l'ai dit, à ces caractères extérieurs et je ne signalerai que les types principaux, sans donner même, pour chacun d'eux, la description spéciale d'aucune espèce.

Genre TRIGONOCARPUS. BRONGNIART.

Trigonocarpum. Brongniart, *Dict. sc. nat.*, t. LVII, p. 137.

Graines ovoïdes, plus ou moins allongées, marquées de six côtes longitudinales équidistantes, dont trois plus prononcées que les trois intermédiaires. La base est d'ordinaire marquée d'une aréole hexagonale, des angles de laquelle partent les côtes : la section transversale de la graine a généralement la forme d'un hexagone, quelquefois d'un triangle à côtés convexes. Le sommet est acuminé. Parfois ces graines sont fendues suivant les côtes.

Genre CARDIOCARPUS. Brongniart.

Cardiocarpon. Brongniart, *Dict. sc. nat.*, t. LVII, p. 93.

Graines cordiformes ou réniformes, habituellement aplaties, à section transversale elliptique ou lenticulaire, acuminées au sommet, plus ou moins échancrées à la base, présentant souvent une carène saillante tout le long de leur contour dans le plan diamétral principal.

Genre RHABDOCARPUS. Goeppert et Berger.

Rhabdocarpos. Gœppert et Berger, *De fruct. et semin. ex form. lithanthracum*, p. 20.

Graines ovales, entourées d'une enveloppe fibreuse, atténuées en pointe au sommet, arrondies à la base. La surface de l'enveloppe se montre marquée de stries longitudinales nombreuses, plus ou moins fines. On distingue parfois sur les empreintes le contour de la graine elle-même, ovale ou ronde, obtuse au sommet, et placée à quelque distance de l'extrémité aiguë de l'enveloppe.

CHAPITRE III.

CARACTÈRES DE LA FLORE DES DIFFÉRENTS ÉTAGES DU TERRAIN HOUILLER.

J'ai, dans les pages qui précèdent, indiqué les localités où chaque espèce a été rencontrée, et j'ai rapporté ces localités à l'un ou à l'autre des étages du terrain houiller. Je dois maintenant revenir sur cette division du terrain houiller en étages et montrer comment ce classement chronologique résulte de l'étude de la flore fossile.

Si l'on se borne, par exemple, à considérer les deux bassins les plus importants de la France, le bassin du Nord et le bassin de la Loire, et si, faisant abstraction des indications de niveau, on dresse le tableau des plantes que j'ai signalées comme appartenant à la flore de chacun de ces deux bassins, on formera ainsi deux séries, qui, à côté d'un nombre assez considérable d'espèces propres à chacune d'elles, offriront cependant un certain nombre de termes communs. Mais, parmi les espèces communes aux deux bassins en question, la plupart, très-répandues dans l'un des deux, ne se montrent, au contraire, dans l'autre, que sur un petit nombre de points. Celles qui sont plutôt fréquentes dans le bassin du Nord ne se retrouvent guère, dans le bassin de la Loire, en dehors des couches de Rive-de-Gier ou des parties les plus profondes du système de Saint-Étienne. Inversement, celles qui sont abondantes dans la Loire sont limitées, dans le bassin du Nord, aux couches que les études stratigraphiques conduisent à regarder comme les plus élevées. Il y a ainsi un lien intime entre la zone supérieure du bassin du Nord et la zone inférieure du bassin de la Loire, et le nombre des espèces communes à l'une et à l'autre apparaîtrait encore plus considérable, si je ne m'étais attaché ici à décrire de préférence les plantes les plus caractéristiques de l'un ou de l'autre des deux grands étages houillers, laissant de côté forcément un assez grand nombre d'espèces, moins importantes au point de vue de la distinction des niveaux et répandues dans cette zone de transition.

On est ainsi conduit forcément à regarder la base du terrain houiller de la Loire, sinon comme contemporaine du sommet du terrain houiller du Nord, du moins comme lui ayant succédé immédiatement ou presque immédiatement dans l'ordre chronologique. Car, s'il y a eu un intervalle entre la cessation de l'un des dépôts et le commencement de l'autre, cet intervalle a dû être relativement faible, puisqu'il n'a correspondu qu'à de légers changements dans la végétation. On arrive donc à former une série à peu près continue, ayant à son sommet le terrain permien, dont la flore, plus pauvre que celle du terrain houiller, n'est de même que la continuation de celle-ci.

Il ne semble pas qu'il y ait la même liaison entre la flore de la partie inférieure du terrain houiller du Nord et celle des terrains anthracifères de l'ouest de la France; mais celle-ci est peut-être trop peu connue encore pour qu'on puisse saisir les rapports qui peuvent exister entre elles. En tout cas, dans d'autres bassins de l'Europe, notamment en Bohême et en Silésie, la flore houillère apparaît comme la suite directe de la flore du terrain anthracifère, de telle sorte qu'on est amené à rattacher ce terrain au terrain houiller proprement dit et à le considérer simplement comme l'étage inférieur de tout cet ensemble.

Depuis plusieurs années, divers paléontologistes avaient reconnu cet enchaînement des flores et les différences que présente la végétation des différents niveaux du terrain houiller. M. Schimper l'avait indiqué dans son *Traité de paléontologie végétale;* il avait signalé plusieurs espèces comme particulières, les unes aux couches houillères les plus profondes, les autres aux couches supérieures. M. Stur, dans différents travaux sur les formations houillères de l'Autriche et sur la flore du culm de Moravie, avait fait connaître l'ordre de superposition que l'étude de la flore l'avait conduit à admettre pour divers bassins. Toutefois il n'avait été donné nulle part de tableau complet des flores des différents étages houillers, et les limites mêmes de ces étages n'avaient pas été précisées. C'est à fixer ces limites, comme à montrer les différences survenues dans la végétation, que M. Grand'Eury a consacré la deuxième partie de son travail sur la *Flore carbonifère du département de la Loire.* Je dois indiquer comment les grandes divisions qu'il a tracées me paraissent absolument justifiées par les faits.

La limite entre le terrain houiller inférieur et ce que j'ai appelé, d'accord avec M. Grand'Eury, le terrain houiller moyen, s'impose tout d'abord comme étant la limite admise depuis longtemps entre le terrain anthracifère et le terrain houiller proprement dit. La subdivision de celui-ci en deux étages peut prêter à plus de discussion; cependant, si l'on revient aux tableaux que je supposais formés tout à l'heure pour les deux bassins du Nord et de la Loire, et auxquels il faudrait ajouter, pour éviter toute erreur, les espèces dont je n'ai pu parler, on verra dominer : dans la flore du premier de ces bassins, les genres *Sphenopteris, Nevropteris, Mariopteris, Alethopteris, Lepidodendron* et *Sigillaria* (sect. *Rhytidolepis*); dans la flore du second, les genres *Odontopteris, Callipteridium, Pecopteris, Caulopteris, Sigillaria* (sect. *Clathraria* et *Leiodermaria*), *Calamodendron, Walchia, Dicranophyllum.* Quelques-uns de ces genres sont absolument particuliers au groupe dans lequel je viens de les citer; les autres, outre qu'ils sont plus répandus dans l'un, ne sont représentés dans l'autre que par des formes bien distinctes de celles sous lesquelles on les rencontre dans le premier. Ce sont là des différences capitales, et l'on peut dire que, tout en conservant certains traits fixes par la permanence de divers genres, la végétation a subi, de l'une à l'autre des deux époques, un renouvellement presque complet.

Ce changement de physionomie est d'autant plus frappant que les divers genres et espèces se sont succédé par voie de substitution et non par voie de transformation. Chaque espèce, depuis sa naissance jusqu'à sa disparition, est restée fixe ou du moins enfermée dans un cercle de variations fort étroit, et la flore houillère est aujourd'hui trop bien connue, dans l'espace et dans le temps, par la masse énorme d'échantillons qui ont passé sous les yeux des paléontologistes, pour qu'on puisse admettre, comme on le prétend pour les fossiles animaux, que les formes de transition ont pu échapper jusqu'ici et se révéleront peut-être un jour. Je ne veux pas discuter le problème de l'origine des espèces, dont la solution me paraît devoir échapper toujours à l'intelligence humaine; j'insiste seulement sur ce point que, si les diverses espèces d'un même genre et les divers genres d'un même groupe ont entre eux des affinités réelles, ils demeurent cependant nettement distincts et ne s'enchaînent point par une série graduelle de transformations. Le changement de la flore n'a, bien entendu, pas eu lieu brusquement : à toute époque de la période houillère, quelques espèces ont pu s'éteindre et être remplacées par d'autres; mais ce mouvement de renouvellement a été particulièrement rapide à un certain moment, et il a affecté alors non seulement les formes spécifiques, mais les types génériques eux-mêmes. Il semble évident que c'est à ce moment qu'il convient de placer la limite séparative entre les deux étages que les caractères de la flore conduisent à distinguer dans le terrain houiller.

Cette fixation de la limite à établir paraîtra encore plus naturelle si l'on remarque qu'en un grand nombre de régions des changements importants dans les conditions géologiques ont coïncidé avec ce maximum d'intensité du renouvellement de la végétation. C'est alors qu'a cessé, dans le nord de notre pays, le dépôt des débris végétaux qui devaient former la houille, et que des dépôts semblables ont commencé à s'opérer dans le centre et le sud-est, dans différents bassins indépendants et relativement peu étendus. De même en Belgique, à Sarrebrück, à Eschweiler, en Westphalie, en Angleterre, les dépôts houillers paraissent avoir cessé ou au moins s'être interrompus vers cette époque. Les indications paléontologiques sont donc d'accord avec les indications stratigraphiques, et il en est de même à la base du terrain houiller proprement dit, la flore ayant subi aussi, vers la fin du dépôt des terrains anthracifères, de profondes modifications.

Flore du terrain houiller inférieur.

La flore du terrain houiller inférieur, plus pauvre que la flore houillère véritable, se fait remarquer par la prédominance des Lépidodendrées et des Sphénoptéridées, qui en forment les traits caractéristiques. Elle possède en propre l'*Asterocalamites scrobiculatus,* qui s'y rencontre, plus ou moins abondamment, à tous les niveaux. Les Calamites ne s'y montrent guère que dans les régions supérieures, avec des formes à larges côtes qu'on ne voit pas se poursuivre dans le vrai terrain houiller. Les *Annularia* paraissent manquer totalement; le genre *Sphenophyllum* est à peine représenté par une ou deux espèces, distinctes de celles dont j'ai parlé.

Parmi les Fougères, il n'y a encore, pour ainsi dire, aucune Pécoptéridée; on rencontre quelques Névroptéridées, notamment les *Cardiopteris* et diverses espèces du genre *Palæopteris,* dont je n'ai pas parlé parce que je ne l'ai pas vu de provenance française, genre caractérisé par des pinnules rétrécies en coin à la base, à nervures rayonnantes dichotomes. Les *Palæopteris,* qui existent déjà dans le terrain dévonien, sont surtout cantonnés vers la base de l'étage houiller inférieur, tandis que les Sphénoptéridées se développent dans la région moyenne et abondent vers le sommet; il faut citer notamment une grande variété de *Diplothmema* et, parmi ceux-ci, les *Diplothmema elegans* et *Diplothmema dissectum*, qui semblent très-répandus.

Les Lycopodiacées comptent plusieurs genres, dont le plus développé paraît être le genre *Lepidodendron*, avec plusieurs espèces, parmi lesquelles le *Lepidodendron Veltheimianum* est une de celles qui se montrent de la manière la plus constante dans toute la hauteur de cet étage. A côté des *Lepidodendron*, je citerai les *Ulodendron* et les *Knorria* : les premiers représentés surtout par l'*Ulodendron commutatum*, que quelques auteurs regardent comme n'étant qu'un état particulier du *Lepidodendron Veltheimianum;* les seconds comprenant deux ou trois espèces, dont la plus répandue est le *Knorria imbricata.* Il y a un quatrième genre, le genre *Cyclostigma*, allié de très-près, à ce qu'il me semble, aux *Bothrodendron* et qui, rencontré déjà au sommet du terrain dévonien, s'arrête dans les couches les plus basses du terrain houiller inférieur.

Les *Sigillaria* n'apparaissent, au contraire, que dans les couches les plus élevées, tandis que les *Stigmaria* se montrent dès le bas de l'étage, de manière à faire douter, comme je l'ai dit, de leurs relations de dépendance avec les Sigillaires. Enfin, on connaît déjà dans cette flore quelques Cordaïtées.

Dans le terrain houiller moyen, ce sont les *Sphenopteris,* les *Nevropteris,* les *Alethopteris,* les *Mariopteris,* avec les *Sigillaria* et les *Lepidodendron,* qui constituent le fond de la végétation. Les *Calamites* sont fréquents et se continueront presque sans changement jusqu'au sommet de l'étage suivant; les *Asterophyllites,* qui ont commencé à paraître, mais faiblement représentés, dans l'étage inférieur, deviennent plus nombreux, et certaines espèces, l'*Asterophyllites grandis* notamment, paraissent propres à l'étage moyen. Le genre *Annularia* se montre assez répandu avec l'*Annularia radiata,* de même que les *Sphenophyllum cuneifolium* et *Sphenophyllum saxifragœfolium.*

Flore
du
terrain houiller
moyen.

Toutefois ces plantes, bien qu'elles puissent servir aussi de repère pour la détermination des niveaux, restent subordonnées aux **Fougères**, aux Lycopodiacées arborescentes et aux Sigillaires, et ne tiennent dans l'ensemble qu'une place secondaire. Les Sphénoptéridées elles-mêmes ont une importance relative moindre que dans l'étage précédent; outre les espèces que j'ai décrites, et dont les *Sphenopteris obtusiloba* et *Sphenopteris Hœninghausi,* avec le *Diplothmema furcatum,* paraissent les plus fréquentes, on en rencontre un assez grand nombre d'autres, appartenant au groupe du *Sphenopteris delicatula*, à pinnules très-finement découpées, à limbe d'apparence mince et délicate, dont la distinction spécifique est plus difficile et n'est peut-être pas encore parfaitement établie. Toutes ces espèces, vraisemblablement herbacées, sont dominées, par la masse comme par la taille, par les *Nevropteris* et les *Alethopteris*, qui, s'ils n'étaient pas arborescents, avaient du moins d'immenses frondes, portées par des pétioles énormes. Le *Nevropteris heterophylla*, surtout, est particulièrement abondant, et après lui le *Nevropteris gigantea;* et tous deux manqueront dans l'étage supérieur. Parmi les *Alethopteris*, les *Alethopteris lonchitica* et *Alethopteris Serli* paraissent tenir la plus grande place, le premier plutôt peut-être dans les couches les plus basses, le second au contraire dans les plus élevées. A côté des *Alethopteris* se rangent les *Lonchopteris*, qui ne reparaîtront plus dans le haut du terrain houiller. Les *Dictyopteris* ne disparaîtront pas comme eux, mais les formes sous lesquelles ils se rencontrent ici, *Dictyopteris sub-Brongniarti* et *Dictyopteris Munsteri*, seront plus tard remplacées par d'autres. Les *Mariopteris*, comprenant quelques espèces assez peu distinctes les unes des autres, sont encore parmi les plantes les plus fréquentes de l'étage moyen et s'élèvent jusqu'à son sommet, pour disparaître ensuite, à ce qu'il me semble, d'une façon absolue. Il faut signaler, parmi les Fougères, l'apparition des *Pecopteris* vrais, représentés par les *Pecopteris pennæformis*, *Pecopteris abbreviata*, *Pecopteris dentata*, dont les deux premiers, d'ailleurs, ne se retrouveront pas plus haut; cependant toutes les formes communes dans l'étage supérieur manquent encore complètement. Il y avait, parmi les genres que je viens de passer en revue, peut-être parmi les *Pecopteris*, certaines espèces arborescentes, puisque l'on trouve quelques troncs, du genre *Megaphyton;* mais elles étaient assurément peu nombreuses.

Les *Lepidodendron* sont abondants et paraissent arriver à leur apogée pendant cette période; on en rencontre un grand nombre de formes très-variées, parmi lesquelles je n'ai décrit que les plus fréquentes et les mieux caractérisées. Le genre *Lepidophloios*, inconnu dans l'étage inférieur, se montre ici pour la première fois, n'occupant, d'ailleurs, qu'une place assez peu importante. Les *Bothrodendron*, les *Ulodendron*, ne reparaîtront pas plus haut et peut-être même n'arrivent-ils pas jusqu'au sommet de l'étage moyen. J'ai à citer, pour compléter l'énumération des Lycopodiacées, le genre *Halonia*, allié aux *Lepidodendron* et caractérisé par la présence sur la tige de tubercules saillants, arrondis, disposés en quinconce; on en rencontre çà et là des représentants dans les couches moyennes, trop rarement toutefois pour que j'aie jugé utile de le mentionner plus particulièrement.

Les Sigillaires, dont on ne connaît que fort peu d'espèces, et de formes particulières, dans le terrain houiller inférieur, prennent ici un énorme développement, presque exclusivement sous la forme *Rhytidolepis*, c'est-à-dire des Sigillaires à côtes; on en trouve une grande variété d'espèces et une grande quantité d'individus; sur plusieurs points, les couches de houille sont principalement formées de l'accumulation de leurs écorces. Quelques espèces, en petit nombre d'ailleurs, prolongent leur existence jusque dans l'étage supérieur, mais elles ne tardent pas à disparaître à leur tour. Au contraire, les deux autres types, *Clathraria* et *Leiodermaria*, manquent ici tout à fait, le premier du moins; le second, inconnu dans la majeure partie de l'étage moyen, apparaît dans ses couches les plus élevées, avec une espèce de forme toute spéciale, le *Sigillaria rimosa*, à cicatrices espacées, à écorce sillonnée de stries singulières, qui vont, par faisceaux, d'une cicatrice aux cicatrices voisines et dessinent sur la surface de la tige les lignes des quinconces; ce type[1], trop peu répandu dans l'étage moyen pour que j'aie voulu le décrire en détail, se retrouve çà et là dans le terrain houiller supérieur, avec les autres espèces du groupe.

Les Cordaïtées commencent à se montrer assez abondantes, surtout avec le genre *Cordaites* proprement dit; il paraît même y avoir des *Dorycordaites*, car j'ai trouvé parfois dans les empreintes du Nord, notamment à Hardinghen, des feuilles à nervation excessivement fine et serrée. Mais le type *Poacordaites* ne figure pas encore dans ces couches. On ne rencontre pas non plus de Conifères, à moins qu'il ne faille rattacher aux Calamodendrées certains Astérophyllites à feuilles d'apparence coriace; il n'y a du moins ni *Walchia* ni *Dicranophyllum*.

En tout cas les graines de Gymnospermes ne sont pas rares, sans être

---

[1] M. Grand'Eury a créé pour ce type un genre spécial, *Pseudosigillaria*, qu'il range parmi les Lycopodiacées. Malgré les caractères particuliers qu'il présente, je serais assez porté à le laisser parmi les Sigillaires véritables; j'ai reconnu, en effet, sur un *Pseudosigillaria monostigma* de Saint-Étienne, les trois cicatri- cules caractéristiques des *Sigillaria*, l'une ponctiforme, les deux autres fortement arquées, placées de part et d'autre de la première, tandis que, dans toutes les Lépidodendrées, les cicatricules latérales sont ponctiformes, comme celle du milieu.

cependant aussi communes et aussi variées que dans l'étage supérieur. J'ai vu surtout, dans le Nord, des *Trigonocarpus*, et quelques *Cardiocarpus* et *Rhabdocarpus*.

La flore houillère supérieure est caractérisée par l'abondance des *Odontopteris* et des *Pecopteris* arborescents, qui forment, avec les Cordaïtées, les traits principaux de la végétation. Les Calamites sont les mêmes que dans l'étage moyen. Parmi les *Asterophyllites*, l'*Asterophyllites equisetiformis* et, après lui, l'*Asterophyllites hippuroides* sont les plus répandus. Le *Macrostachya carinata*, qu'on rattache au même groupe comme épi de quelque Astérophyllite, est encore plus caractéristique, car il n'avait pas été rencontré plus bas. Le genre *Annularia* se trouve représenté par deux espèces, les *Annularia sphenophylloides* et *Annularia stellata*, qui, nées vers le sommet de l'étage précédent, se substituent à l'*Annularia radiata* et ne tardent pas à pulluler. Parmi les *Sphenophyllum* apparaissent aussi des types nouveaux, le *Sphenophyllum oblongifolium* d'abord et, plus haut, le *Sphenophyllum Thoni*, la plus grande espèce du genre; à la base et en quelque sorte à cheval sur les deux étages, on rencontre fréquemment aussi une autre forme, le *Sphenophyllum majus*, à assez grandes feuilles cunéiformes, partagées au sommet en deux lobes crénelés.

Les *Sphenopteris* n'ont pas disparu complètement, bien que je n'en aie signalé aucun du terrain houiller supérieur; seulement ils tiennent un rang très-effacé, avec des formes particulières, à assez grandes pinnules découpées en dents aiguës, mais soudées par leur base au rachis et se rapprochant par là des *Pecopteris*, parmi lesquels, du reste, Brongniart les avait rangés.

Les *Nevropteris* conservent encore pendant quelque temps certaines formes de la flore moyenne, mais ils sont surtout représentés par des espèces nouvelles, par le *Nevropteris auriculata* notamment, et par d'autres à pinnules aiguës au sommet, tantôt à nervation assez peu serrée, telles que le *Nevropteris cordata*, tantôt à nervures excessivement fines et nombreuses, telles que le *Nevropteris fasciculata*, que j'ai rencontré à Ahun, et dont les pinnules sont parfois soudées entre elles par deux ou par trois sur une partie de leur longueur. Les *Dictyopteris* de l'étage précédent sont remplacés par d'autres espèces, le *Dictyopteris Brongniarti* et le *Dictyopteris Schutzei*. Au surplus, ces genres n'occupent qu'une place secondaire, et le plus important du groupe des Névroptéridées est maintenant le genre *Odontopteris*, qui se présente sous diverses formes, dont la plus fréquente paraît être l'*Odontopteris Reichiana*.

Les *Alethopteris* sont aussi en décroissance, du moins sous le rapport de la diversité des espèces; peut-être l'*Alethopteris Serli* se continue-t-il encore quelque temps, car il est indiqué, au moins en Bohême, dans des couches assez élevées; en tout cas, c'est l'*Alethopteris Grandini* qui domine. A côté de ce genre, il faut citer le genre *Callipteridium*, qui ne s'était pas encore montré et qui est représenté principalement par le *Callipteridium ovatum*.

Mais le premier rang, parmi les Fougères, appartient aux *Pecopteris*, qui sont aussi variés qu'abondants; deux espèces surtout se rencontrent dans tout l'étage supérieur avec une fréquence extrême, le *Pecopteris cyathea* et le *Pecopteris polymorpha*. Le groupe des *Goniopterites* me paraît avoir fait ici sa première apparition : il compte plusieurs espèces, notamment le *Pecopteris arguta*, dont j'ai parlé, le *Pecopteris unita*, à pinnules entières, arrondies au sommet, plus ou moins soudées entre elles, le *Pecopteris longifolia*, à pinnules complètement soudées et formant par leur réunion de grandes pennes simples, à bord à peine ondulé ou crénelé. Un grand nombre de ces Fougères étaient arborescentes, à en juger par la quantité de troncs enfouis à côté de leurs frondes et appartenant aux genres *Caulopteris* et *Ptychopteris*, qui n'avaient pas été signalés plus bas.

Les Lépidodendrées ont notablement diminué et ne tiennent plus dans la flore qu'une place tout à fait secondaire; il y a encore quelques rares *Lepidodendron*, différents de ceux du terrain houiller moyen, dont les derniers paraissent s'être éteints vers la base de l'étage supérieur. Les *Lepidophloios* persistent quelque temps, sous un petit nombre de formes, notamment le *Lepidophloios laricinus* et une autre espèce à coussinets plus grands, le *Lepidophloios macrolepidotus*, signalé par M. Grand'Eury à Lorette et que j'ai rencontré à Bosmoreau. On trouve également quelques *Halonia*; mais, comme je l'ai dit, les *Ulodendron* et les *Bothrodendron* ont disparu sans retour.

De même, les quelques espèces de Sigillaires à côtes qui se sont élevées au-dessus du sommet du terrain houiller moyen ne tardent pas à s'éteindre et à faire place aux espèces des deux autres groupes, *Sigillaria Brardi*, *Sigillaria lepidodendrifolia*, *Sigillaria spinulosa*. Les *Stigmaria*, peut-être liés dans leurs formes aux divers types de Sigillaires, se continuent dans le terrain houiller supérieur, avec des cicatrices généralement plus grandes et plus espacées qu'auparavant.

Les Cordaïtées sont ici à leur apogée, avec les trois genres *Cordaites*, *Poa-cordaites* et *Dorycordaites*; le premier surtout compte un grand nombre d'es-pèces : *Cordaites borassifolius*, qui existait déjà dans l'étage moyen, et les autres, nouvellement parues, *Cordaites principalis*, *Cordaites angulosostriatus*, *Cordaites lingulatus*, *Cordaites foliolatus*, etc. Leurs feuilles et leurs écorces ont contribué, pour une part considérable, à la formation de la houille.

Les Conifères, enfin, font leur apparition certaine, qu'on leur rattache ou non les Calamodendrées, abondamment représentées dans tout l'étage supé-rieur par le *Calamodendron cruciatum*; il faut, en effet, leur rapporter en tout cas les *Walchia*, qui se montrent pour la première fois, et sans doute les *Di-cranophyllum*, type particulier à cet étage.

Les Gymnospermes semblent même encore plus développées que ne l'in-diquent les empreintes, à en juger par le nombre et la diversité considérables des graines qu'on doit leur rapporter. Les *Trigonocarpus* sont devenus rares, mais les *Rhabdocarpus*, et surtout les *Cardiocarpus*, sont extrêmement abon-dants, et avec eux d'autres formes, les *Pachytesta*, énormes graines ovoïdes, striées longitudinalement, les *Samaropsis*, munis d'ailes latérales, et divers autres types que l'étude anatomique permet de bien différencier.

Flore
du
terrain permien.

Dans le terrain permien, du moins dans le terrain permien inférieur ou rothliegende, car ce n'est que cet étage que j'ai eu en vue, la flore paraît dé-croître rapidement.

Les *Calamites*, les *Annularia*, les *Sphenophyllum*, s'y éteignent, ainsi que les Lépidodendrées et les Sigillaires. Les Sphénoptéridées sont représentées sur-tout par un type particulier, les *Eremopteris*, à frondes habituellement dicho-tomes, à pennes découpées en étroits segments cunéiformes. Les *Nevropteris* ont presque complètement disparu ; les *Odontopteris* persistent, mais surtout sous les formes à pinnules arrondies, à nervures très-fines et nombreuses. Un type nouveau apparaît, le genre *Callipteris*, remplaçant les *Callipteridium* du terrain houiller supérieur. Un autre, à peine connu plus bas, se développe ici, les *Tæniopteris*, à grandes folioles simples, à bords parallèles, parcourues par une forte nervure médiane et par des nervures secondaires très-étalées, parallèles, simples ou dichotomes. Les vrais *Pecopteris* paraissent s'éteindre peu à peu. Les Cordaïtées sont également en décroissance, tandis que les *Walchia* arrivent à leur maximum de puissance et que les *Dicranophyllum* font place à d'autres genres analogues, *Gingkophyllum* et *Trichopitys*.

Je veux, avant de terminer, insister sur ce que, si certaines plantes sont propres à tel ou tel étage, il ne faudrait pas cependant accorder trop de confiance à des déterminations de niveau fondées sur une ou deux espèces seulement. Il n'y a de vraiment caractéristiques que les associations d'espèces, et il faut connaître l'ensemble de la flore pour arriver à fixer sûrement l'époque de formation d'une couche ou d'un groupe de couches. Au voisinage surtout de la limite d'un étage, on risquerait de commettre de graves erreurs si l'on ne se rendait pas compte qu'on a affaire à un mélange d'espèces plus propres, les unes à une époque, les autres à l'époque suivante, et si l'on ne cherchait pas à déterminer quelle est leur abondance relative et quelles sont celles qui dominent. D'une façon générale, il est certain que, plus on veut descendre dans le détail pour les déterminations des âges, plus il faut examiner de près la flore, comme la faune, des couches qu'on étudie, chercher à reconnaître la proportion quantitative et souvent même le mode d'association des espèces, en se gardant d'ailleurs de vouloir faire des assimilations trop précises entre des points trop éloignés, le mode de groupement des plantes ayant pu n'être pas rigoureusement identique partout, quelque constante que la flore puisse être dans son ensemble.

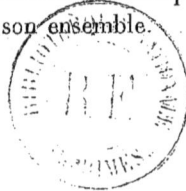

TABLE ALPHABÉTIQUE

DES GENRES ET DES ESPÈCES.

(Les noms synonymes sont en caractères *italiques*.)

TABLE DES MATIÈRES

DU QUATRIÈME VOLUME (SECONDE PARTIE).

FIN DE LA TABLE DES MATIÈRES.

* 9 7 8 2 0 1 2 6 6 3 1 1 4 *